养生鲁菜

张宝庭 编著

本书编委会

顾问

张文海 王文桥

编委会委员（按笔划排序）

牛金生 苏永胜 李素云 国 帅
胡桃生 徐佩元 雷 松 樊京鲁

中国纺织出版社
国家一级出版社
全国百佳图书出版单位

图书在版编目（CIP）数据

养生鲁菜 / 张宝庭编著 . -- 北京：中国纺织出版社，2019.11

ISBN 978-7-5180-6078-8

Ⅰ. ①养… Ⅱ. ①张… Ⅲ. ①鲁菜—菜谱 Ⅳ. ① TS972.182.52

中国版本图书馆 CIP 数据核字（2019）第 063048 号

责任编辑：国　帅　韩　婧　　责任校对：寇晨晨
责任印制：王艳丽

中国纺织出版社出版发行
地址：北京市朝阳区百子湾东里 A407 号楼　邮政编码：100124
销售电话：010—67004422　传真：010—87155801
http://www.c-textilep.com
E-mail: faxing@c-textilep.com
中国纺织出版社天猫旗舰店
官方微博 http://weibo.com/2119887771
北京华联印刷有限公司印刷　各地新华书店经销
2019 年 11 月第 1 版第 1 次印刷
开本：889×1194　1/16　印张：8
字数：110 千字　定价：88.00 元
京朝工商广字第 8172 号

凡购本书，如有缺页、倒页、脱页，由本社图书营销中心调换

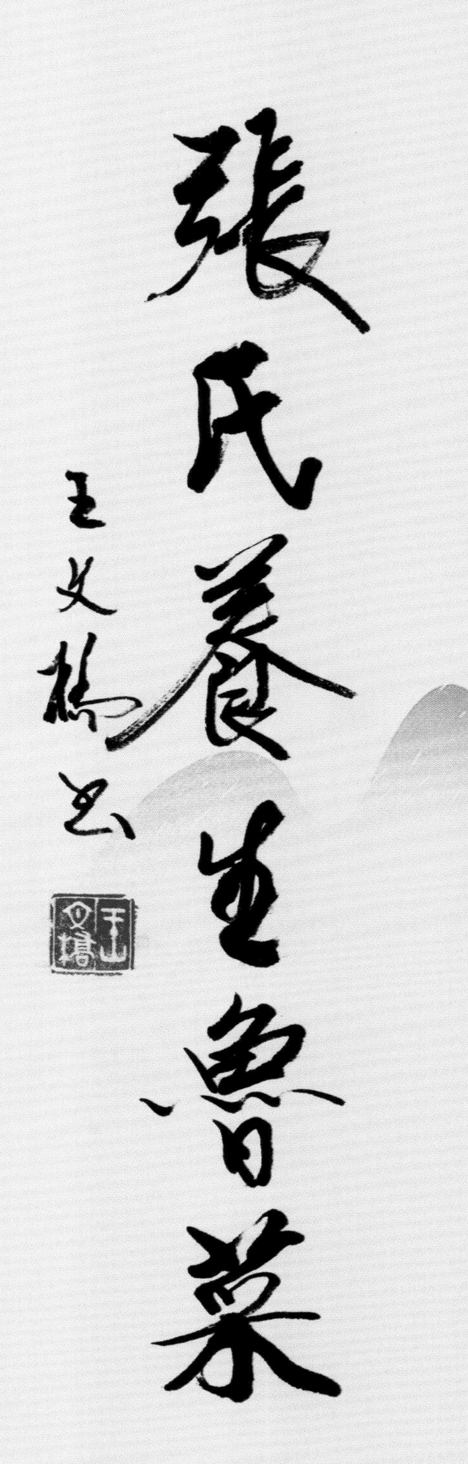

京城资深餐饮管理专家　王文桥

張老烹壇尊泰斗
藝源肆滬豐澤樓
服務八大黨代會
進京獻藝展風流
憶想當年從廚事
苦辣酸甜湧心頭
幼小十三離家走
天津致美始學徒
輾轉求學登瀛樓
廷彩先師開童蒙
磨刀蹭勺倒爐灰
了青開生做雜務
掌櫃器重保舉薦
磕頭拜師王殿臣
敬師如父得真傳
眼觀耳聽手不閑
三年一節學徒滿
國際飯店受磨練
散座宴席出堂會
賓主滿意獲美贊
奉調京城保餐服

東方飯店顯身手
政治過硬技術高
屢受獎勵與表彰
政務接待不簡單
標準習俗考慮全
葷素營養巧安排
餐飲變化有亮點
行行業業出狀元
張氏魯菜美名傳
以身做則傳德藝
發揮餘熱做貢獻
轉瞬壽高到九如
門徒遍布北京城
開枝散葉結菓實
譜系清晰一脈承
烹協著書宏國粹
國賓大師技藝留
要想求索烹飪術
研讀猶入黃金屋

歲次戊戌臘月下澣吉日為
文海老伯新著撰文以賀 金生

中国烹饪大师 牛金生

傳承張氏魯

展現色香味

戊戌冬月江夏書於北京

中国美术家协会理事　容铁

北京大学李可染艺术研究会会长　徐佩元

继承的硕果

2002年，北京烹饪协会评选出16位“国宝级烹饪大师”。16年光阴荏苒，随着年岁的增大，当年叱咤鼎鸿的大师们陆续谢幕，退出了烹坛，虽然门生故旧遍布勺林，但身名世故毕竟只余传奇。大师当中，唯一父子相衔、薪火相承的，只有鲁菜泰斗张文海的儿子张宝庭。

作为中国菜最古老的一个菜系，鲁菜在长期发展的过程中出现了繁杂的流派，张氏一门在业内声名隆望，在社会上却知之者寡，得以一窥堂奥者更寥寥无几，究其原委，一个很关键的因素，是张文海老先生60余年厨行生涯，一多半的时间只做了一件事——接待服务。

技艺落在张宝庭身上，这一门的特点更加突出——张宝庭从北京市政府宽沟招待所到市长餐厅再到今天的中宣部膳食科，始终也在政务服务的岗位上坚守着。现在，张氏一门发扬光大的重任自然就落到了张宝庭的肩上。时值岁尾，张宝庭的新书即将刊行，承蒙他厚爱，嘱我写序，我想送上两句话，一表祝贺，二表心意。第一句话是，希望张宝庭不负“烹坛少帅”的称号，将张氏鲁菜发扬光大，使其能够“飞入寻常百姓家”，让更多的人认识和品尝到这些美味佳肴。第二句话是，在继承的基础上不断创新，让中餐传统烹饪的技艺与时代的需求紧密结合起来，做当代人爱吃的中国菜、京鲁菜，让我们现在的年轻人以及他们的后代都喜欢和热爱中餐。我想这既是张宝庭出版此书的目的，也是我们这些当代中餐烹饪行业工作者的心愿与梦想。

鲁菜的前世今生

中华烹饪，帮口流派，妙彩纷呈，各擅胜场。论到历史悠久、技法全面、考究功力，鲁菜唯当冠首。

鲁、川、苏、粤，每个菜系经过始创、流变、成熟，最短的也源起于先秦以上的历史年代，走过了几千年的时光——鲁菜发祥于春秋齐国、鲁国，川菜发祥于古巴国、蜀国，苏菜发祥于古吴国、楚国，粤菜发祥于秦置百越郡。菜系形成的原因多种多样，但其中有三个根本因素起着决定性的作用：天、地、人。天，气候、环境、四季更迭；地，土壤、植被、生态、物产；人，风俗、习惯。三者融和，沟通天地以达人，透过人的精神世界，反映到物质生活中，贯以烹、调、配三个根本手段，由非自觉而渐进入自觉，日积月累，具当地特色的菜系则开始固化成形。据此，大家把菜系的形成分为了自发型菜系和影响型菜系，鲁菜是各菜系中唯一一个属于自发型的菜系。什么叫自发型菜系呢？就是“在原有的环境基础上，不受外来影响而改变自我的发展动力”，最终形成的菜系。通俗地说，鲁菜像一株独立生长的树，年轮一圈一圈沿内核向外扩展，长成枝繁叶茂的参天大树，其他菜系，在生长的过程中有嫁接、有再生、有变种。这就是说鲁菜是100%的“原创”菜系。

要想做好鲁菜，必先了解其博大精深的文化内涵，梳理出鲁菜形成、发展的主脉络。鲁菜的历史发展轨迹，以烹、调、配三元素发生的本质变化作为衡量标准，可以归纳为古鲁菜、北鲁菜以及京鲁菜三个重要阶段。

先秦到两晋、南北朝是古鲁菜时期。这个阶段，鲁菜奠定了菜系的理论基础，很多鲁菜的核心、灵魂性理论，在今天仍然指导着鲁菜甚至是中餐发展方向的理论，都是在这一时期形成的。

唐、宋、元三代，鲁菜进入了血肉丰满的成熟时期。这个阶段，鲁菜有四个显著特征：一是由古鲁菜的专注烹饪理论向专注烹饪实践与技法创新转变；二是进一步透过民间饮食普及到整个黄河流域，成为“北菜”的代言人；三是迭代的连续冲击，人口迁徙，使鲁菜全国性的开始影响到长江、珠江流域，尤其是对淮扬菜系、粤菜系产生了较大影响；四是烹的技法、调的风味、配的讲究、宴的礼仪、厨的分工全方位的成形、固化。

明、清以来，鲁菜得到了蓬勃的发展，深厚的历史积淀开始反哺于菜系的传播与传承。对于这一时期的鲁菜，除了其本地的发展、丰富以外，还出现了一个重要的事件——鲁菜进京。对此，坊间一直存在较大分歧——一说是鲁菜流传到京，并发展到影响全国，北京的菜是鲁菜的一个分支；一说是京菜像其他三大菜系一样，融合了鲁菜的因素，在此基础上创建了新的菜系。我的管见是，它应当叫“京鲁菜”，并且在鲁菜发展历史上，仿佛炒菜的创造一样，起着划时代的、至关重要的作用。因此，也需要我们认真加以关注。

透过鲁菜的发展历史，我们不难看出，在古鲁菜期，鲁菜基本上是在今天的山东范围内繁衍、流变，所以我们才称之为“自发型菜系”；到了北鲁菜期，受到隋开凿运河、少数民族入侵中原，以及宋元间大量北人南迁避祸的影响，鲁菜开始主动地在黄河、长江甚至是珠江流域产生影响，但这个影响多是以下层百姓日常交流、潜移默化为主，一缺乏专业人士，二没有完备体系，所以我们直到今天可以从三大菜系身上发现鲁菜的影子，而不能准确地界定其影响的程度。

到了明、清时期，不一样了，进入北京、传播鲁菜的是大量的社会底层手艺人——山东厨师，他们有娴熟的技艺；被服务的对象是上层社会，达官、权贵、文人墨客，他们除了垄断物质，还垄断文化，对于菜，他们能品、能评、能改，甚至能创。这样的结果，鲁菜在流播过程中反主为客，被动地接受改造。尤为难得是，这种改造不是颠覆性的，它是结合了成菜食材、加工、养生等诸多考究元素而在刀功、火功、勺功等烹的技法上的锻造，是区隔了成菜在色、香、味、触、形等诸多文化元素而在调的理念上的升华，是发于成菜在宴筵、游聚、社交等诸多场景元素而在配的功效上的创制。如果把此前的鲁菜比喻为素颜的少女，那么这时的鲁菜就似雍容华丽的贵妇——人还是那个人，但一切的气质、形象都已经起了翻天覆地的变化，这就是把它称为“京鲁菜”的原因之一。

明、清时期，大量南人北上为官，暮年致仕（告老还乡），夸耀于乡邻在京的见识，必不可少的是美食华馔，因此，鲁菜这一历史阶段的推广大都始自北京、源于变化之后。清末及至民国初期，官员的更迭变化益加频繁，四方赴京的官员、商人、文人在京城居住一段时间后也会把鲁菜的一些技法带回到本乡，融合自己的地方菜，形成新菜品。鲁菜的交流主要出口都在北京，而交流内容也多是在京叫出名气的菜、席，可以说是“京”托起了“鲁”，并使鲁菜从地方菜演变成了“国菜”，这是称其为“京鲁菜”的又一原因。

目录
CONTENTS

冷荤类

热
菜类

点心类

冷
荤类

杏干肉

原料 | 鸭胸肉

调料 | 葱姜、大料、桂皮、番茄酱、白糖、醋、盐、酱油、色拉油

做法 | 1. 鸭胸顶刀切3毫米厚，加盐、酱油腌制入味上底色，葱姜洗净拍松。

2. 锅中放油烧至五成热，将鸭肉逐片下入锅中，炸至银红色捞出，锅中留底油，下入葱姜、大料、桂皮煸香捞出，放入番茄酱煸出红油，加糖、醋、盐、适量水调味，下入炸好的鸭片，待汤汁收浓，出锅装盘摆好造型即可。

特点 | 酸甜适口，色泽红亮。

温馨提示 | 杏干肉并不是杏干炒肉，而是将肉片炒至入味，无论味、色、形均与杏干相似，为北京的传统凉菜。此菜酸中带甜，细品犹如杏干，香润适口。

功效 | 养阴润燥，开胃生津。

传世三宝

原料｜肉皮、豆干、胡萝卜、水发黄豆、山楂、香椿

调料｜冰糖、盐、味精、酱油、香油、洋粉、葱姜片、大料

做法｜1. 肉皮去毛去油切丝，豆干、胡萝卜切丁焯水，黄豆煮熟，将胡萝卜、豆干、黄豆均匀撒入托盘中，锅中加水，放入肉皮，加葱、姜、大料，煮透，加盐、味精、酱油调味，汤汁浓稠时捡出葱姜大料，倒入撒好配料的托盘，待凝固后切丁装小碗。

2. 香椿焯水切碎，加入黄豆中，加盐、味精、香油调味装盘。

3. 山楂去核，锅中加水放冰糖熬化，下入山楂，待山楂熟透捞出平铺在托盘中，将糖水加入洋粉调匀，放入托盘中，待冷却成形后切丁装盘，最后三样菜摆造型即可。

温馨提示｜此菜三样均为老北京传统小食，消暑、佐餐、下酒均可。肉皮冻和红果熬制时不可大火，以防汤汁发浑、粘锅。

功效｜健脾消食，益气宽中。

木瓜水晶驴肉

原料 | 带皮驴肉、木瓜

调料 | 大料、白芷、豆蔻、葱姜片、盐、味精

做法 | 1. 木瓜去籽切两半，一半切丁，剩余一半备用。

2. 将大料、白芷、豆蔻、葱姜片装料包扎紧。
3. 驴肉焯透洗净，切丁放入盆中，盆中加水没过驴肉，放入料包，上屉蒸至驴皮能用筷子扎透时加盐、味精调味。
4. 取托盘，将切好的木瓜丁均匀撒入托盘，驴肉捞出撒入托盘，将盆中汤汁倒入托盘和备用的半个木瓜中，待凉透成冻，切块装盘即可。

功效 | 养血润燥，滋肾养肝。

熏鸡丝拌洋粉

原料 | 熏鸡脯、洋粉

调料 | 生菜、盐、味精、姜汁、香油

做法 | 1. 鸡脯肉撕成细丝，洋粉用冷水泡软撕开，生菜垫在盘中备用。

2. 将鸡肉丝和洋粉丝加盐、味精、姜汁、香油调味拌匀装盘即可。

温馨提示 | 洋粉也叫琼脂、冻粉，是由石花菜或江篱（属红藻）经加热至溶化后，加以冷却凝固而成的海藻精华。可做甜点的凝固剂，也可以制作凉拌菜。

功效 | 温中益气，补虚填精。

酥鲫鱼

原料 | 鲫鱼、海带、大白菜

调料 | 大葱、姜、蒜、花椒、桂皮、大料、白糖、米醋、酱油、盐

做法 | 1. 鲫鱼宰杀洗净。

2. 锅上火，葱垫锅底，姜蒜和香料包放在大葱上，上面铺一层鲫鱼、铺一层海带，再铺一层白菜中帮，以此类推码完后，加少量水，加盐、糖、醋、酱油，开锅后转小火炖6小时关火。

3. 把鱼和海带分别捡入容器中单独存放，上桌时海带切条垫底，码鱼装盘即可。

特点 | 肉烂骨酥，甜咸略酸。

温馨提示 | 烹制酥鲫鱼需选用鲜活小鲫鱼，每条重80克左右。即清人曹寅诗中所谓"雀目新燔二寸鱼"。烹制时必须加醋用小火焖，才能使每条鱼原形完整，鱼骨酥化。

功效 | 健脾益气，和胃生津。

核桃鸡卷

原料 | 净公鸡、核桃仁

调料 | 葱姜丝、盐、料酒、味精、白卤汤

做法 | 1. 核桃仁去皮，用植物油炸熟剁碎。

2. 鸡从脊背下刀剔净骨，保持皮不破裂，把鸡用盐、料酒、味精、葱、姜抹匀腌渍3小时。

3. 拣去鸡身上的葱、姜，皮朝下放于案上，理开铺平，把核桃仁放在一端，卷成圆形，再包卷2层净布，用绳捆紧。

4. 烧开白卤汤，放入鸡卷，煮约1.5小时，捞出晾凉，再放入白卤汤内煮30分钟，捞出解去绳布，切成圆形薄片即成。

功效 | 滋肾益智，温中补脾。

罗汉肚

原料 | 猪肚、肘子、红曲米

调料 | 甜面酱、花椒粉、葱姜、酱油、盐、白糖、白酒、香油、木耳、胡萝卜、青豆

做法 | 1. 猪肚清洗干净。

2. 葱姜切丝，肘子去骨切条，胡萝卜切条。
3. 胡萝卜条、青豆、木耳焯水，把肘子和胡萝卜条、青豆、木耳拌一起加调料调好味，装入猪肚中，把猪肚用针线缝好，上屉蒸2.5~3小时取出走红锅。
4. 捞出后用屉布包好，用重物压实，切片装盘即可。

温馨提示 | 1. 猪肚入屉蒸制初期要用竹签扎几次、放气，防止爆裂。

2. 走红锅：传统行话，用红曲米或红曲粉煮水，给原料上色。

功效 | 滋养脾胃，养颜润肤。

水晶肘

原料 | 肘子、蛋黄、面粉

调料 | 盐、味精、葱姜片、大料、料酒

做法 | 1. 将蛋黄加面粉、盐，放在托盘中蒸成蛋黄糕。

2. 肘子去骨焯水，放盆中加水没过肘子，加葱姜片、料酒、大料蒸至软烂取出加盐调味，晾至不烫手时，将肘子撕碎，连汤倒入蒸好的蛋黄糕上，继续降温，至肘子成冻时取出切片装盘即成。

特点 | 色泽明快，营养丰富。

功效 | 滋阴润燥，养血益肾。

蛋黄鸭卷

原料 | 鸭子半只、咸鸭蛋

调料 | 料酒、盐、味精、胡椒粉、玉米粉、葱、姜

做法 | 1. 鸭子去骨，放置容器内，用料酒、盐、味精、胡椒粉、葱段、姜片腌入味，然后取出葱段、姜片。

2. 鸭子皮朝下放在案板上，在鸭肉上撒一层玉米粉。咸鸭蛋黄切两瓣，摆成“一”字形置于鸭肉上，遂将鸭肉卷紧，用打湿拧干净的纱布裹起，用线绳捆扎紧。

3. 鸭卷放入蒸笼内蒸40分钟左右取出，用重物压至冷却，使其固定成形，然后置于冰箱存放。用时拆去绳子和纱布，顶刀切片装盘。

特点 | 色泽美观，鲜香不腻。

功效 | 滋阴清热，养胃生津。

糖醋小排

原料 | 猪小排

调料 | 冰糖、酱油、红醋、盐、姜、大料、料酒

做法 | 1、小排冲净血水，加料酒、盐、酱油腌制入味控干。

2、锅上火加油烧至五成热，下入小排炸至金黄色捞出。

3、锅中留底油，下入姜片煸炒，下入小排，加料酒、酱油，加开水至原料2/3处，加红醋调味，加糖色调好颜色，焖煮半小时即可。

功效 | 开胃生津，养阴补虚。

奶香木瓜冻

原料 | 木瓜、牛奶、乳瓜

调料 | 盐、洋粉

做法 | 1. 乳瓜加盐杀水后完整取下乳瓜皮，刻成需要的文字备用。

2. 木瓜去皮去籽，蒸熟打成蓉，加洋粉调匀，置托盘凉透凝固。

3. 牛奶加热，加入洋粉调匀，凉透后缓慢倒入凝固的木瓜冻上，一起放冰箱至牛奶成冻后拿出切成麻将块，将刻好的字放置在上面即可。

功效 | 美容养颜，健脾消食。

烟熏乳鸽

原料 | 乳鸽

调料 | 红卤汤、烟熏粉

做法 | 1. 鸽子宰杀后焯水冲净，下红卤汤小火煮至八成熟，关火浸泡40分钟。

2. 将鸽子入油炸至外皮酥脆捞出装盘。

3. 菜肴上桌后，由服务员向食客推荐柠檬味、薄荷味、草莓味、百里香味、茉莉味、迷迭香味6种不同口味的烟熏粉，客人选择自己喜欢的香味后，服务员用玻璃罩将鸽子盖好，然后取对应的烟熏粉装入烟熏枪内，将烟“喷射”到玻璃罩内，静置几分钟即可食用。

特点 | 先卤后炸，酱香浓郁，有香草香气。

功效 | 滋养肝肾，延年益寿。

牛奶红豆糕

原料 | 红豆、牛奶

调料 | 冰糖、炼乳、洋粉

做法 | 1. 将洋粉化开，红豆加冰糖煮成红豆糖水。

2. 红豆糖水加洋粉水调匀，倒入托盘冷藏成冻，牛奶加洋粉水搅匀，慢慢倒入红豆冻上，再次冷藏至牛奶也成冻即可。

功效 | 清心养神，健脾益肾。

牛油果

原料 | 牛油果、鱼子酱、苹果、胡桃仁

调料 | 沙拉酱

做法 | 1. 将牛油果去皮，切片，一片叠一片地摆放在保鲜膜上。

2. 苹果去皮切丝。

3. 将苹果丝和胡桃仁用沙拉酱拌匀后放在牛油果上，用保鲜膜将牛油果卷起来码盘，撒上鱼子酱装饰即可。

特点 | 造型美观，营养丰富。

功效 | 养胃健脾，益气补虚。

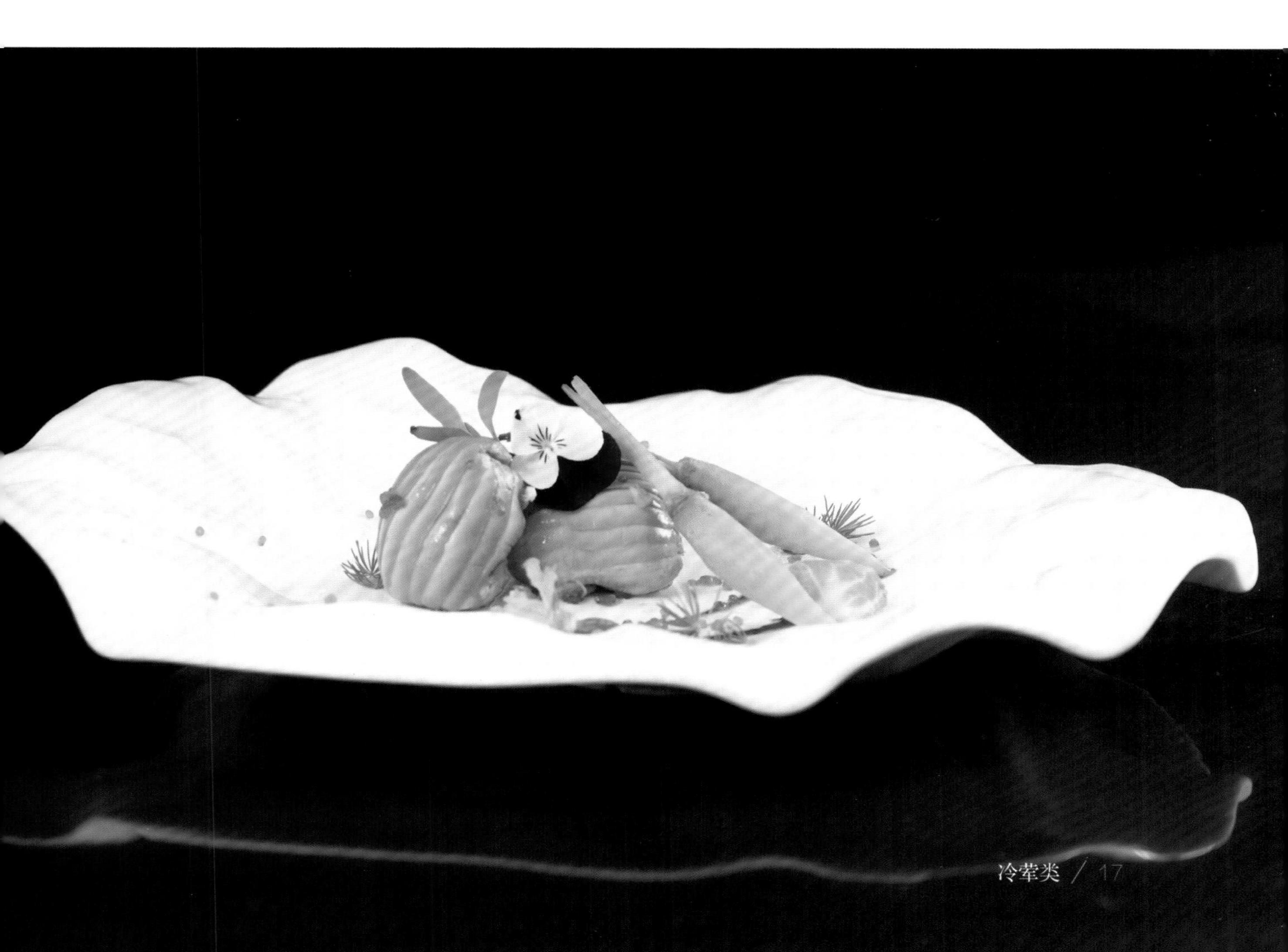

香椿豆腐

原料 | 香椿、豆腐

调料 | 盐、香油

做法 | 1. 香椿洗净焯水，切碎，豆腐焯水揉碎。

2. 将香椿和豆腐分别加盐、香油拌好。

3. 将香椿和豆腐分层灌入模具脱模即成。

温馨提示 | 香椿焯水能去掉草酸钙，另外，拌菜时不要加过多调味料，保持本味，味道更香更醇。

功效 | 清心安神，宽中益气。

热菜类

雪梨炖桃胶

原料 | 优选砀山酥梨

调料 | 宋桃桃胶

做法 | 1. 酥梨去皮去籽，雕刻使其成图中造型。

2. 桃胶温水慢发5小时，两者合二为一。

3. 选用突出食材本色本味的器皿，小火烹制3小时即可。

温馨提示 | 酥梨宜选用300年的梨树结的果子，梨的规格在300~400克。

功效 | 酥梨有止咳平喘，滋阴降火，凉心解毒的功效，结合桃胶的功效，可增强体力，控血糖，美容养颜，促进肠胃消化。

象眼鸽蛋

原料 | 鸡胸肉、无糖面包片、鸽蛋、桃仁、猪肥膘肉、火腿

调料 | 盐、味精、葱姜水

做法 | 1. 先将鸡胸肉加肥膘、葱姜水一起打成茸，加入盐、味精，打上劲备用，火腿切末。

2. 将面包片切成菱形片，鸽蛋煮熟去皮切两半，将鸡蓉抹在面包片上，再将鸽蛋放在中间，鸽蛋周边抹鸡蓉成半椭圆形，鸽蛋两边分别粘上桃仁和火腿末。

3. 锅中烧油至六成热时下入上述半成品，炸至金黄色捞出即可。

特点 | 鲜香，酥糯适口。

功效 | 益气补虚，滋养强壮。

干贝鸡蓉扒芦笋

原料 | 干贝、鸡胸肉、鲜芦笋、枸杞清鸡汤

调料 | 盐、味精、水生粉

做法 | 1. 干贝加清鸡汤蒸透备用，鲜芦笋切成10厘米的段。

2. 先将鸡胸肉去掉筋膜，用打碎机搅成泥，调好口味。

3. 锅上火烧至四五成热，把芦笋蘸上调好的鸡肉泥炸制成形，再把蒸好的干贝勾水生粉，加枸杞点缀即成。

特点 | 咸鲜，荤素搭配，营养丰富。

功效 | 健脾和胃，养阴生津。

枸杞子黄扒鱼肚

原料 | 油发鱼肚、枸杞子、豆苗

调料 | 鸡汤、毛姜水、鸡油、花雕、盐、味精

做法 | 1. 枸杞子冷水泡开。

2. 鱼肚切抹刀片，焯水，加毛汤煨制。

3. 锅中加鸡汤，下入鱼肚，加花雕酒、盐、味精、毛姜水，烧1分钟，勾芡淋鸡油，出锅放枸杞子即可。

功效 | 补脾养容，滋肾明目。

山东海参

原料 | 海参、蛋皮、山药、里脊

调料 | 葱丝、香菜段、醋、盐、料酒、老抽、香油

做法 | 1、海参切抹刀片煨好。

2、蛋皮、山药、里脊切象眼片，山药焯水，里脊上浆用水焯。

3、将加工好的山药片、里脊片和海参放入碗中，加入少许醋待用，锅中加入清汤，放盐、料酒、适量老抽调味，开锅撇去浮沫，冲入碗中，汤面撒入蛋皮、葱丝、香菜，淋香油即可。

功效 | 滋肾养阴，益气补虚。

熘鱼丸

原料 | 鳜鱼、胡萝卜料头花、木耳、清汤、薄荷叶、猪肥膘、蛋清

调料 | 盐、生粉、胡椒粉、料酒、葱姜水

做法 | 1. 将净鱼肉去骨，放砧板上用刀刮下鱼茸，木耳焯水垫盘底。

2. 肥膘用刀背剁碎，加鱼茸，蛋清、葱姜水、生粉顺一个方向搅上劲，加盐成为鱼胶。

3. 锅加入半锅水，加热，将鱼胶挤成鱼丸下入锅中，打去浮沫，汆熟后倒入容器中。

4. 锅中加入鸡汤，加精盐、胡椒粉调好味，下入鱼丸，胡萝卜点缀其中，勾米汤欠，浇在木耳上，点缀薄荷叶即可。

功效 | 健胃补脾，利水渗湿。

油爆双脆

原料 | 成年猪肚头、鸭肫、青蒜

调料 | 盐、高汤、料酒、醋、白糖、胡椒粉、生粉、香油、姜蒜片

做法 | 1、将猪肚头去皮洗干净，剞十字花刀，加少许碱面涨发。

2、鸭肫去皮，剞十字花刀，加少许碱面涨发。青蒜斜刀切断。

3、碗中放入高汤、料酒、醋、盐、白糖、胡椒粉、青蒜、生粉兑成碗汁。

4、将加工好的原料焯水，冲热油。

5、锅中加底油煸姜蒜片，下入原材料，烹入碗汁，淋香油，炒匀出锅。

温馨提示 | 冲热油为传统老师傅的叫法，意为油锅坐热，把原料放进去，停留很短时间，马上倒出。制作此菜时，原料在油锅中停留2秒，即刻倒出。

功效 | 补脾益胃，养阴生津。

菜品渊源

“油爆双脆”始于清朝中期，是久负盛名的传统鲁菜，以制作原料讲究、烹饪技艺精绝、风格独特而为世人推崇，集精准刀功、勺工、火工于一体，烹饪以油爆为主。正宗油爆双脆的做法极难，对火候的要求极为苛刻，欠一秒钟则不熟，过一秒钟则不脆，是中餐里制作难度最大的菜肴之一，在袁枚的《随园食单》和梁实秋的《雅舍谈吃》中对此菜均有高度赞誉。《雅舍谈吃》中这样说道“爆双脆是北方山东馆的名菜。可是此地北方馆没有会做爆双脆的……就是在北平东兴楼或致美斋，爆双脆也是称量手艺的菜，利巴头二把刀是不敢动的”。在20世纪80年代的东方饭店，张文海大师对这道菜在选料加工烹制等环节进行了更加系统的优化，比如在猪肚和鸭肫的选料上张文海大师要求猪肚必须选用成猪的猪肚才能保障肚仁的厚度，鸭肫要选用填鸭的鸭肫以保证脆嫩，刀口方面要求在深度和距离上达到一致。在用火方面张文海大师对油温和烹制时间要求更加精准，油温要七成热，原料在油锅中只能停留2秒，让该菜旺火速成，他将总结的这些经验和要求传授于后辈厨师，之后在多次政府接待和名家宴请中得到赞许。

鲜参栗子扒白菜

原料｜白菜心、板栗、鲜人参、枸杞子

调料｜盐、鸡汤、生粉

做法｜1. 白菜心切凤尾形焯水控干，板栗去壳煮熟，人参用鸡汤调味煨透。

2. 锅中加煨过的人参和鸡汤，加板栗，开锅后下入挤干水分的白菜心，晃锅，煨透后勾芡，大翻勺，淋鸡油出锅，装盘略整理即可。

温馨提示｜翻勺按照原料在勺中的运动幅度和方向分为大翻勺、小翻勺、晃勺等，其中大翻勺是技术难度的巅峰，为鲁菜系独有，大翻勺又分为前翻、后翻、左翻、右翻。大翻勺要求将勺内原材料一次性做180度翻转，大翻勺一般用于扒类和烧类的菜肴中，适用于形状较为完整的原料和造型要求较高的原料。例如“扒”法中的“鲜参栗子扒白菜”将白菜条熟处理后，码于盘中，再轻轻推入已调好的汤汁中，汤汁多少以成菜后能抱紧菜肴主料为最佳，汤汁勾芡后采用大翻勺的技法，使菜肴稳稳地落在勺中，其形状不散不乱，与码盘时的造型完全相同，类似于这样的菜肴非大翻勺莫属。又如“枸杞子黄扒鱼肚”，主料煨入味勾芡后同样采用大翻勺的技法，将鱼肚表面色泽、刀工、汁芡最完美的部位展示给客人。

特点｜咸鲜适口，营养丰富。

功效｜补中益气，清热生津。

坛子肉

原料 | 纯五花肉、红薯

调料 | 冰糖、海鲜酱、老抽、精盐、胡椒粉

做法 | 1. 五花肉洗净，皮朝下，上屉蒸20分钟。

2. 红薯洗净，切块，炸熟，垫底。

3. 五花肉改刀成长10厘米、厚4厘米的块，然后过油炸制金黄色。

4. 另起锅加入冰糖熬制成糖色，加入开水，放入五花肉，加海鲜酱、老抽、精盐、胡椒粉，小火炖80分钟，出锅盛在红薯上即可。

功效 | 滋阴润燥，补血生津。

菜品渊源

济南传统风味小吃。它始于清代，据传创制该菜品的是济南凤集楼饭店。该店厨师用猪肋条肉加调味品和香米，放入黑瓷釉的小口坛子中，用木炭微火煨炖而成。清末济南经营坛子肉有名的店家，当推同元楼，开业于清光绪年间，在城里后宰门街，菜品肉香味浓、酱香浓郁，当时享有很高的声誉。因为肉用瓷坛子煨炖而成，故名坛子肉。

茯苓枸杞鸡豆花

原料 | 茯苓、枸杞子、鸡胸肉、鸡蛋

调料 | 盐、味精、白糖、料酒、清汤、生粉

做法 | 1. 将茯苓蒸透，枸杞子用温水泡上。

2. 鲜鸡胸去掉筋膜，搅拌成鸡蓉，加入盐、鸡蛋、生粉，搅成糊状，用一个不锈钢盆，加水将鸡蓉汆出来。

3. 锅上火加清汤、盐、味精、白糖，调好口味，将汆好的鸡豆花，盛在容器内，浇上清汤，把蒸好的茯苓放进去，用枸杞子点缀即可。

特点 | 咸鲜，色泽洁白，老少皆宜。

功效 | 健脾安神，温中益肾。

银杏酱爆核桃鸡

原料 | 净鸡腿肉、去皮核桃仁、去壳银杏

调料 | 黄酱、白糖、料酒、香油

做法 | 1. 核桃仁过油炸熟，银杏过水，鸡腿切大骰子丁上浆滑熟。

2. 锅中热油下入调制好的黄酱，加白糖、料酒，炒黏稠，下入鸡丁、核桃仁、银杏，翻勺，淋香油出锅。

温馨提示 | 酱要炒熟，炒稠，炒透。

功效 | 益智补脾，敛肺生津。

太子清汤竹荪藕

原料 | 太子参、竹荪、虾仁、香菜、虫草花、枸杞子

调料 | 盐、味精、白糖、清鸡汤、生粉

做法 | 1. 将干竹荪用温水浸泡；太子参加清鸡汤蒸制；虫草花泡透、煨入味。

2. 把虾仁制作成虾胶调好口味，放在裱花袋里。

3. 将泡好的竹荪洗干净，把打好的虾胶挤在竹荪里面，用香菜杆把两头扎上口，中间扎上一道，把制作好的竹荪藕放在容器内，加上少许的清鸡汤蒸至熟即可，把蒸好的太子参放进去，点缀几粒枸杞子和虫草花即可。

特点 | 咸鲜，色泽鲜明，形态逼真，口感爽脆。

功效 | 清热润燥，益气和中。

养生粗粮玉环虾

原料 | 大虾肉、薏米、核桃仁、红腰豆、藜麦、莲子、胡萝卜、青笋

调料 | 盐、味精、鸡汤、鸡油

做法 | 1. 青笋、胡萝卜用模具切成环形，加鸡汤煨透。

2. 杂粮泡软，煮至八成熟。

3. 虾肉上浆，滑熟，捞出放入热水中去油。

4. 杂粮放入鸡汤，加调盐、味精调味，煲熟，淋鸡油盛入容器。

5. 虾肉套入胡萝卜、青笋环，码盘即成。

功效 | 滋肾益智，清热生津。

黄扒裙边

原料 | 水发裙边、浓鸡汤

调料 | 盐、花雕酒、生粉、鸡油

做法 | 1. 裙边用鸡汤调味，煨制入味捞出。

2. 锅中加浓鸡汤，加盐、花雕酒调味，放入裙边，小火熥软烂，捞出码盘。

3. 鸡汤勾芡淋鸡油，浇在裙边上即可。

功效 | 养阴补虚，延年益寿。

紫苏炸烹虾

原料 | 去皮海白虾肉、紫苏

调料 | 葱姜丝、料酒、盐、醋、白糖、高汤、香油

做法 | 1. 虾肉挂水粉糊炸脆。

2. 紫苏炸干，用料酒、盐、醋、少许白糖、葱姜丝、少许高汤兑碗汁。

3. 锅中烧热油，下入虾肉，烹入碗汁，旺火翻炒，淋香油出锅，装盘撒紫苏即成。

温馨提示 | 此菜需旺火速成，不宜拖延。

功效 | 解表散寒，滋肾益气。

佛手观音莲

原料 | 大白菜、西蓝花、咸蛋黄、素鸡肉浆、香菜粒、素汤、素肠

调料 | 菌菇汁、盐、味精

做法 | 1. 将大白菜雕刻成莲花状焯水码盘备用。

2. 咸蛋黄蒸熟碾碎备用，西蓝花焯水撕碎备用，素鸡肉浆加菌菇汁、香菜粒打上劲备用。

3. 白菜帮焯水回软，把鸡肉浆裹起来，改刀加素肠条做成佛手形状码盘。

4. 浇调好味的素汤蒸 15 分钟，撒蛋黄碎、西蓝花碎即可。

功效 | 疏肝理气，化湿和胃。

沙棘糖醋鲤鱼

原料 | 鲤鱼、沙棘果

调料 | 葱姜、料酒、盐、白糖、醋、酱油、生粉

做法 | 1. 鲤鱼宰杀干净，两面剞翻鳃刀，加葱姜、盐、料酒码味。

2. 沙棘果用水泡好。

3. 锅中热油，鲤鱼挂水粉糊炸脆备用。

4. 兑碗汁加料酒、盐、白糖、醋、酱油、沙棘果及原汁、生粉、葱姜米备用。

5. 炒锅上火，烹入碗汁炒亮，浇在炸好的鱼上即成。

温馨提示 | 鱼的花刀直至鱼骨，不可过深过浅。挂糊要均匀，下锅时抓鱼尾，鱼头向下呈U形下入。

功效 | 开胃生津，健脾补虚。

菜品渊源

《诗经》载：岂食其鱼，必河之鲤。《济南府志》上早有“黄河之鲤，南阳之蟹，且入食谱”的记载。据这些史料推测，早在3000多年以前，黄河鲤鱼就已经成为脍炙人口的名食了。济南北临黄河，黄河鲤鱼不仅肥嫩鲜美，而且金鳞赤尾，形态可爱，是宴会上的佳肴。“糖醋鲤鱼”是鲁菜中的传统菜肴，20世纪30年代济南大明湖畔汇泉楼的“糖醋鲤鱼”就已经誉满全城。当时店内设有一鱼池，鲤鱼放养其中，顾客立于池边，指鱼定菜，厨师随即将鱼捞出、宰杀、打花刀、挂糊、油炸，浇上熬好的糖醋活汁，上桌时滋滋作响，鲤鱼体态生动，艳丽夺目，效果令人震撼。

赛螃蟹

原料 | 鸡蛋、黄花鱼

调料 | 姜末、醋、白糖、盐、生粉

做法 | 1. 将鸡蛋打散；将净鱼肉切成0.5厘米见方的小丁上浆。

2. 炒熟鸡蛋，划熟鱼丁，再将鸡蛋和鱼肉一起略炒，放入调料料，出锅盛入盘中。

温馨提示 | 赛螃蟹是一道传统特色名菜，口感滑嫩，营养丰富，味似蟹肉，老少皆宜。此菜以黄花鱼为主料，配以鸡蛋，加入各种调料，炒制而成，黄花鱼肉雪白似蟹肉，鸡蛋金黄如蟹黄。此菜鸡蛋软嫩滑爽味鲜赛蟹肉，不是螃蟹，胜似蟹味，故名“赛螃蟹”。

功效 | 补益和中，通利五脏。

锅塌豆腐

原料 | 豆腐、鸡蛋

调料 | 葱姜丝、生粉、鸡汤、盐、味精、胡椒粉

做法 | 1. 豆腐切12片用盐腌好，放入生粉中蘸匀，再蘸蛋液，依次码入盘中。

2. 锅炼好加底油，将码好的豆腐整体拖入锅中，小火边晃锅边煎，然后大翻锅将豆腐整体翻过来，略煎，然后加鸡汤、盐、味精、胡椒粉、葱姜丝、烧制即成。

特点 | 色泽金黄，外形圆，豆腐方，寓意天圆地方。汁浓味鲜，入口鲜、香、软、嫩，且富有营养。

功效 | 宽中益气，润燥养容。

干贝冬瓜方

原料 | 干贝、枸杞子、冬瓜、清汤

调料 | 盐、味精、料酒、白糖、生粉

做法 | 1. 将干贝加清汤和料酒蒸透，枸杞子用温水泡上。

2. 将冬瓜一切两半，切成长方形，像似书籍，一半刻字，另一半儿刻出几个小四方块，在四方块的中心刻出干贝大小的洞，上蒸箱蒸透。

3. 把干贝镶在冬瓜上，用清汤勾上薄芡，点缀枸杞子即可。

温馨提示 | 选冬瓜很重要，一定要选密度大的，粗细均匀的、皮厚的。否则很难达到预定的效果。

特点 | 咸鲜，造型美观，寓意深厚。

功效 | 利水渗湿，清热生津。

蓝花酿虾胶

原料 | 青虾肉、南瓜、西蓝花、鱼籽

调料 | 鸡汤、盐、味精、生粉

做法 | 1. 虾肉调味，加蛋清打成茸，放入模具抹平蒸熟。

2. 西蓝花熟制，码小碗扣入盘中。

3. 南瓜切成环形熟制，入味码边上。

4. 将蒸好的虾茸码到南瓜上，鸡汤调味，勾芡淋在西蓝花和虾茸上即成。

功效 | 养肝和胃，滋肾益智。

禅寺佛跳墙

原料 | 素鱼翅、素海参、素鲍鱼、藏红花、羊肚菌、虫草花、牛肝菌、松茸菌、鹌鹑蛋、油菜心、素浓汤

调料 | 盐、味精、生粉、陈年花雕、白糖

做法 | 1. 将原料飞水，加工入味，备用。

2. 藏红花加水蒸20分钟，留水备用。

3. 起锅加素浓汤，加盐、味精、白糖调味，用藏红花水调色。

4. 加入原料，加料油打芡出锅，码入坛中，淋入少许陈年花雕，盖盖子入烤箱烤3分钟即可。

功效 | 补五脏，益气血。

鲜牛蒡红煨猪蹄

原料｜鲜猪蹄、鲜牛蒡、油菜心

调料｜盐、味精、蚝油、酱油、糖色、葱姜、大料

做法｜1. 猪蹄加工干净，斩块。

2. 鲜牛蒡切滚刀块焯水。

3. 锅加底油，煸炒葱姜、大料，出香味下猪蹄，调入盐、味精、蚝油、酱油、糖色，加牛蒡煨2小时，使其软烂入味后码入焯过水的油菜心围边的盘中即成。

特点｜色泽红亮，口感软糯。

功效｜滋养强壮，养血润燥。

油焖冬笋

原料 | 虾干、鲜春笋

调料 | 盐、味精、白糖、蚝油、酱油、高汤

做法 | 1. 先将虾干泡软，去掉一些异味。

2. 将鲜春笋扒皮，煮透，切成长条，放入高汤煲制，加入盐、味精、白糖、蚝油、酱油入味即可。

3. 锅上火加入适量色拉油，先将煲好的春笋炸至金黄色，摆入盘中，再将泡好的虾干炸干水分，摆放在春笋上即可。

特点 | 咸鲜香，口感爽脆，色泽金黄。

功效 | 滋阴凉血，和中润肠。

莲子红枣藕

原料 | 糯米、莲子、小枣、地瓜、西蓝花

调料 | 白糖、生粉

做法 | 1. 莲子用冷水泡开去掉莲芯。

2. 小枣去核放入莲子，一切为二码入碗边。

3. 糯米蒸熟加绵白糖拌匀放入碗中，再封保鲜膜蒸45分钟扣出。

4. 地瓜刻成元宝形用蜜汁煨透，西蓝花切块焯水，将食材码出图中造型，最后打蜜汁玻璃芡浇在食材上即可。

特点 | 甜糯鲜香。

功效 | 滋肾补脾，养血安神。

萝卜炖羊肉

原料 | 羊排、白萝卜、枸杞、大枣

调料 | 大料、大葱段、姜片、料酒、盐、胡椒粉

做法 | 1. 羊排切成5厘米大小的段；白萝卜切成5厘米长条。

2. 将羊排冷水下锅烧开，去除血沫，捞出冲净。

3. 中火烧热油，放葱段、姜片和大料爆香，加入冲好水的羊排，烹入料酒拌炒均匀，倒入适量的清水烧开，转小火盖上盖儿煮至羊肉七成熟。

4. 加入白萝卜条、枸杞、盐、胡椒粉、大枣，继续煮至羊肉和白萝卜软烂成熟即可。

功效 | 温中健脾，滋肾助阳。

秘制水晶萝卜

原料 | 萝卜、五花肉

调料 | 盐、白糖、酱油、姜片、料酒

做法 | 1. 萝卜去皮削成枣核状，焯水，五花肉切块。

2. 五花肉下锅加水、料酒、姜片、盐、白糖、酱油，炖酥烂捞出肉，下入萝卜收汁，待萝卜酥烂、汤汁黏稠时装盘即可。

功效 | 顺气宽膈，生津润燥。

养生全素

原料 | 西红柿、青笋、山药、胡萝卜

调料 | 盐、味精、橄榄油

做法 | 1. 西红柿洗净去瓤。

2. 青笋、山药、胡萝卜用模具制成圆球，焯水备用。

3. 锅中放入橄榄油，放入原料，加入盐、味精翻炒，盛到空心西红柿中装盘即可。

特点 | 咸鲜，清淡。

功效 | 滋阴生津，抗衰延寿。

玉竹鸡汤炖鳕鱼

原料 | 鳕鱼肉、干松茸（水发）、玉竹

调料 | 盐、鲜柠檬汁、生粉、蛋清、鸡汤

做法 | 1. 鳕鱼肉加盐、柠檬汁、蛋清、生粉拌匀，腌渍入味，用开水焯至八成熟备用。

2. 水发干松茸、玉竹入鸡汤锅中烧沸，去浮末，小火煮30分钟，下入鳕鱼再炖制10分钟，调味即可。

特点 | 汤味鲜醇，鱼肉软嫩。

功效 | 养阴生津，温中益气。

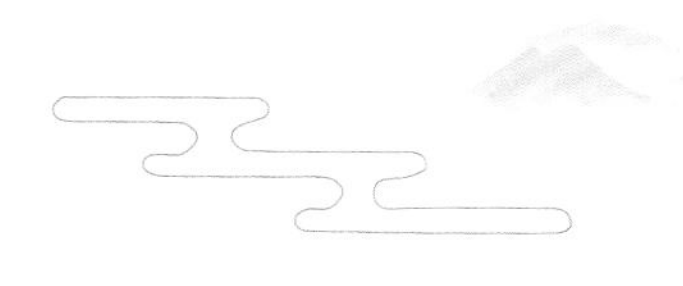

九转肠腐

原料 | 大肠头、卤水豆腐

调料 | 香菜、白糖、醋、盐、胡椒粉、绍酒、酱油、香油、鸡汤

做法 | 1. 肥肠用套洗的方法，里外翻洗几遍，去掉杂物、肥油，放一盆内撒点盐、醋搓揉，除去黏液和骚味，最后大口套小口放进开水锅里煮烂，捞出用凉水过一下放好。

2. 肥肠切1.5厘米厚的段，用热水汆透。

3. 卤水豆腐用模具做成和肥肠大小的段汆水备用。

4. 炒勺放入底油烧热，放入白糖炒至深红色，把肥肠倒入搅匀上色，加入绍酒、酱油、醋、胡椒粉、盐、鸡汤、卤水豆腐。移至微火，待汤汁浓，肥肠变枣红色，在旺火上来回转动，并翻过来再晃动几下，起锅后淋香油装盘，撒上香菜末即可。

特点 | 枣红色，甜酸香辣咸。

功效 | 生津润燥。

菜品渊源

此菜由九转大肠演变而来，“九转大肠”出于清光绪初年，由济南九华楼酒店首创，九华楼是济南富商杜氏和郜氏所开。杜氏是一巨商，在济南设有9家店铺，酒店是其中之一。这位掌柜对“九”字有着特殊的爱好，什么都要取个九数，因此他所开的店铺字号都冠以“九”字。

“九华楼”设在济南县东巷北首，规模不大，但司厨都是名师高手，对烹制猪下货菜更是讲究，“红烧大肠”（九转大肠的前名）就很出名，做法也别具一格：下料狠，用料全，五味俱有，制作时先煮、再炸、后烧，出勺入锅反复数次，直到烧煨至熟。所用调料有名贵的中药砂仁、肉桂、豆蔻，还有山东的辛辣品：大葱、大姜、大蒜以及料酒、清汤、香油等。

口味甜、酸、苦、辣、咸兼有，烧成后再撒上芫荽（香菜）末，增添了清香之味，盛入盘中红润透亮，肥而不腻。有一次杜氏宴客，酒席上了此菜，众人品尝这个佳肴都赞不绝口。有一文士说，如此佳肴当取美名，杜表示欢迎。这个客人一方面为迎合店主喜“九”之癖，另外，也为赞美高厨的手艺，当即取名“九转大肠”，同座都问何典？他说道家善炼丹，有“九转仙丹”之名，吃此美肴，如服“九转”，可与仙丹媲美，举桌都为之叫绝。从此，“九转大肠”之名声誉日盛，后来此菜经过天津登瀛楼饭庄厨师改良，加入豆腐，荤素搭配，豆腐口感近似大肠，豆腐吸附大肠油腻腥味，使它更加久食不腻。

封煎三文鱼

原料 | 深海三文鱼、芒果、草莓粒、面粉、泡打粉

调料 | 盐、黑胡椒碎

做法 | 1. 面粉和泡打粉和面，炸成燕盏大小的小油饼。

2. 把三文鱼切成丁，上锅煎，撒上盐和黑胡椒碎煎熟。

3. 配芒果和草莓粒装盘即可。

特点 | 咸鲜。

功效 | 强身补虚，健脑益智。

芙蓉管廷

原料 | 猪管廷、鸡胸肉、鸡蛋、冬菇、青红甜椒

调料 | 盐、味精、料酒、清汤

做法 | 1. 将猪管廷上的油撕掉，用筷子将猪管廷翻过来，汤锅加水放入管廷，放入少许料酒，煮至软硬度合适捞出，再用筷子翻过来，用水冲凉去掉油筋。

2. 将鸡胸去掉筋膜，打成鸡泥子调好底口，将猪管廷改成蜈蚣花刀，将鸡泥子挤进去，再把切好的冬菇丝青红甜椒丝，均匀地粘在上面，蒸透待用。

3. 鸡蛋加水调好底口蒸成鸡蛋羹，将蒸好的猪管廷整齐地码放在鸡蛋羹上。

4. 汤锅上火，加入清汤调好口味，浇上即可。

特点 | 咸鲜，色泽鲜明，汤味纯正。

功效 | 温中益气，养阴润燥。

沙参番薯焖牛肉

原料 | 牛肉、土豆、沙参、西芹、胡萝卜、洋葱

调料 | 牛尾汤

做法 | 1. 土豆去皮，挖空心，制作成型，蒸熟备用。

2. 将牛肉切块，焯水，冲净血水，放入牛尾汤中，加沙参、西芹、胡萝卜、洋葱，把牛肉炖好备用。

3. 把烧好的牛肉放入土豆中，用薄荷叶点缀即可。

功效 | 补脾益气，生津养血。

羊肚菌煎酿虾

原料｜新鲜羊肚菌、4头大虾、虾茸、高汤、鱼子酱、鸡蛋、柠檬、火龙果、木瓜、草莓

调料｜西汁、沙拉酱

做法｜1. 羊肚菌焯水蘸干水分，酿入虾茸后用高汤煨制好。

2. 大虾去头尾，用西汁烧制。

3. 鸡蛋煮熟切两半，打上花刀。

4. 水果切成粒，用沙拉酱调制后放在鸡蛋上，撒鱼子酱。

5. 酿好的羊肚菌、烧制好的大虾、鸡蛋装盘，柠檬切花装饰即可。

功效｜滋肾益脾，抗衰延寿。

葱烧鹿筋

原料 | 水发鹿筋、大葱

调料 | 料酒、盐、味精、酱油、白糖、葱油、生粉

做法 | 1. 鹿筋去杂质、筋膜，切成5厘米段，焯水备用。

2. 大葱打花刀，切5厘米段，下油锅炸至金黄色备用。

3. 锅中留底油下入料酒、盐、味精、酱油、白糖调味，下入鹿筋和大葱烧透后勾芡淋葱油出锅装盘即可。

功效 | 补肝肾，强筋骨。

南煎丸子

原料 | 猪肉馅、冬笋、冬菇、马蹄、鸡蛋、葱姜

调料 | 盐、味精、料酒、蚝油、酱油、高汤

做法 | 1. 将肉馅加盐、味精、葱姜末、料酒、鸡蛋搅拌均匀，调好底口。

2. 将冬笋、冬菇、马蹄焯水过凉切成粒，放入调好的肉馅中，搅拌均匀，团成乒乓球大小的丸子。

3. 平锅上火，加入底油，将肉丸放入锅中，压成象棋状，两面煎黄，加入高汤酱油、蚝油收汁即可。

特点 | 滋阴润燥，生津益气。

菜品渊源

南煎丸子原名叫煎烧圆子或南煎圆子，是鲁菜中的经典菜式。煎烧为南方的做法，即先煎炸后烧制，而圆子则为丸子的意思。传说，袁世凯任直隶总督的时候，在官府的宴席中为避讳“袁”字，所以将这圆形的丸子给做成了扁形的棋子状，取名为“南煎丸子”。

拖煎黄鱼

原料 | 黄花鱼、鸡蛋、面粉

调料 | 葱丝、姜丝、清汤、醋、香油、盐、花雕酒、香菜、红椒

做法 | 1. 将黄花鱼刮鳞去鳃，掏净内脏洗干净，两侧间隔0.5厘米剞斜直刀，然后撒上盐、花雕酒、葱姜米腌制入味。

2. 将腌好的鱼周身沾均匀干面粉，裹上一层鸡蛋液，放在热油勺内煎至两面金黄色，加入清汤、花雕酒、盐、醋，待汤汁收干，盛入盘中，放些香菜、红椒丝、葱丝、姜丝、淋上香油即可。

功效 | 通利五脏，健身美容。

葱烧黄芪金钱鳝

原料 | 白鳝、大葱、黄芪

调料 | 盐、味精、蚝油、白糖、老抽、生粉、葱油、料酒

做法 | 1. 白鳝宰杀干净去头尾，顶刀切成4毫米厚的片，加入料酒、盐，腌制入味，挂生粉糊炸至金黄色。

2. 大葱切丁炸成金黄色备用。

3. 黄芪泡水，备用。

4. 锅中加底油，下入盐、味精、蚝油、白糖、老抽调味，加入泡好的黄芪水，下入炸好的白鳝和葱段烧制，最后淋葱油出锅装盘。

温馨提示 | 白鳝，是鳗鱼的一种，学名鳗鲡，又称河鳗，是一种降河性回游鱼类。在海里出生，而到江河里长大，有着水上人参之称，产于广东、福建、浙江等省沿海及江河，是深受大家喜爱的高级滋补品。

功效 | 益气健脾，扶益虚损。

原料 | 鲜牛掌、鸽蛋、冬笋片、金华火腿片、花菇、菜心

调料 | 葱姜、花椒、桂皮、大料、生粉、盐、味精、蚝油、糖色

做法 | 1. 鲜牛掌充分冲泡水去异味后焯水，锅入底油下葱姜、花椒、桂皮、大料炒香，放牛掌，调入盐、味精、蚝油，加水小火煨透后捞出，晾凉切片。

2. 牛掌片中间依次夹入冬笋、花菇、金华火腿片，用豆包布包好，用竹篦子定形。

3. 别起锅倒入鸡汤，加入盐、味精、蚝油、糖色调味，放入定形的牛掌煨制使其软烂。

4. 鸽蛋煮熟去皮，用清汤煨制，然后将牛掌取出放入盘中，整理好造型，鸽蛋和焯水油菜围边，牛掌原汤勾芡淋上即可。

功效 | 强身益气，养阴补血。

百合浓汤蒲菜

原料｜蒲菜、奶汤、水发冬菇、冬笋、虾仁、火腿、嫩豌豆、百合

调料｜色拉油、葱姜片、料酒、盐、姜汁

做法｜1. 将蒲菜去老皮，改成3厘米长的段，焯水沥干，编成图中造型。

2. 冬菇、火腿、冬笋切3厘米长的片，焯水，沥干备用。

3. 锅中加底油上火，加入奶汤和葱姜片，烧开后捞出葱姜片，下入焯好的蒲菜、冬笋、香菇、火腿、百合，加盐、姜汁、料酒，再次开锅后，盛入汤盆，将蒲菜放在最上面，撒上熟青豆和虾仁即可。

功效｜润肺安神，固齿明目。

菜品渊源

清代济南乡贤王贤仪在其《辙环杂录》中写道："历下有四美蔬，春前新韭，秋晚寒菘，夏蒲茭根，冬畦苔菜。"民国初年出版的《济南快览》中也说："大明湖之蒲菜，其形似茭，其味似笋，遍植湖中，为北数省植物菜类之珍品。"用奶汤和蒲菜烹制成的"奶汤蒲菜"，脆嫩鲜香，清淡味美，素有"济南汤菜之冠"的美誉，早在明清时期便极有名气。张文海在烹制这道菜时，保留了冬菇，增加了虾干、火腿，使奶汤更加醇香，成菜色彩更加丰富，营养更加均衡。

锅烧羊肉

原料 | 羊腰窝

调料 | 花椒盐、芝麻盐、盐、大葱、姜、花椒、香叶、小茴香、白胡椒粒、生粉、鸡蛋、酱油

做法 | 1. 将羊腰窝，改刀成正方形或长方形。

2. 将改好刀的羊肉冷水下锅，煮至断生捞出，锅上火倒油，烧至八成热，下入羊肉炸至外皮焦黄捞出。

3. 锅中留底油，放葱姜蒜煸炒，加入花椒、香叶、小茴香、白胡椒粒，放入酱油，调好颜色和口味，烧开后，将炸好的羊肉放入锅中，酱至羊肉软糯捞出备用。

4. 锅上火烧油至八成热时，将拍粉拖蛋的羊肉下入油锅中炸至枣红色捞出。

5. 羊肉改刀成条码盘，带花椒盐和芝麻盐上桌。

温馨提示 | 选用羊腰窝，酥炸而成，味形咸鲜，成菜色泽金黄，酥嫩香鲜。

功效 | 益肾气，补虚劳。

八宝葫芦鸭

原料 | 填鸭、鸡胸肉、干贝、海参、鱼肚、虾仁、火腿、香菇、冬笋、蒜薹

调料 | 盐、味精、糖稀、白醋、料酒、酱油、葱姜片、清汤、水生粉

做法 | 1. 整鸭去骨。

2. 海参、鸡胸肉、干贝、鱼肚、虾仁、火腿、香菇、冬笋切成小丁，焯水捞出加盐、味精、料酒，拌成八宝馅。

3. 把八宝馅从鸭子开口处填入，用纱布条扎紧，再从翅膀处扎一条纱布，使整鸭成葫芦形，放沸水中略烫捞出，擦干水分后抹匀糖稀和白醋。

4. 锅上火，倒色拉油烧至200℃时，将抹好脆皮水（糖稀和白醋调制）的鸭子放入油锅中炸至金黄色捞出，沥净油。

5. 将炸好的鸭子放入汤盆中，加入盐、味精、料酒、酱油、葱姜片、清汤、入笼蒸熟取出，放入用蒜薹点缀的盘中。

温馨提示 | 1. 熟练掌握整鸭去骨的方法，不能破外皮。

2. 蒸鸭时要用纱布扎紧，并用牙签插孔放气。

功效 | 滋肾益肺，健脾和胃。

菜品渊源

八宝葫芦鸭是一道美味可口的地方传统名菜，据乾隆三十年正月乾隆南巡时的《江南节次照常膳底档》记载，“糯米八宝鸭”是当时苏州地区最著名的传统名菜，清《调鼎集》和《桐桥倚棹录》都记载了“八宝鸭”一菜及其制法。江苏是此菜的发源地，后来在流传与演变过程中，淮扬菜、鲁菜、川菜等各大菜系都形成了自己独特的烹制方法。此菜的重点是以整鸭脱骨技法去鸭骨，要保持鸭皮不破。在鸭腹内酿入八种馅料制成葫芦形。鸭肉鲜嫩，馅心糍糯疏散，滋味咸鲜香醇。

薏仁烤鸽子

原料 | 鸽子、土豆松、薏仁

调料 | 盐、味精、香料、红曲粉、酱油、葱姜

做法 | 1. 将宰杀好的鸽子焯水冲净，土豆松垫盘底。

2. 锅中放底油、加葱姜、香料炒香，加水、薏仁、酱油、红曲粉调好颜色口味，放入鸽子卤至五成熟捞出，放入炭火炉中烤至枣红色即可。

功效 | 滋肾养肝，健脾祛湿。

玉竹烧鲽鱼

原料 | 去头尾鲽鱼、玉竹、油菜心

调料 | 盐、味精、白糖、料酒、酱油、生粉、葱姜蒜片、米醋

做法 | 1. 将鲽鱼打花刀，入油炸至金黄色捞出，油菜心焯水备用。

2. 锅中留底油下入葱姜蒜煸炒、依次下入鲽鱼烹入醋、料酒、酱油，加水、盐、味精、白糖、酱油调味，放入玉竹烧15分钟左右，将鱼装盘，剩余汤汁勾芡浇在鱼身上，两边码入油菜心即可。

特点 | 色泽红亮，味道鲜美。

功效 | 清热润肺，益胃生津。

葱扒大乌参

原料｜大乌参、大葱、菜心、鹌鹑蛋、鸡汤

调料｜葱油、盐、白糖、蚝油、干贝

做法｜1. 将大乌参上火燎至外皮碳化后，刮去外皮，浸入冷水回软后，开膛去内脏泥沙，然后反复蒸3遍直至发透。

2. 大葱切5厘米段，剞一字花刀，入油炸至金黄，倒出备用。

3. 鹌鹑蛋煮熟去皮，油菜心焯水码盘。干贝加水蒸透制成丝。

4. 锅中加葱油，加入鸡汤、盐、白糖、蚝油、炸好的葱段，下入海参煨入味，汤汁收浓稠后，大翻勺，然后拖入码好油菜、鹌鹑蛋的盘中即可。

特点｜葱香浓郁，乌参软糯入味。

功效｜滋肾养阴，延年益寿。

菜品渊源

这是张文海大师的拿手菜，被誉为“京城第一参”。他说：“乌参是一种大个头参种，其特点是皮厚肉薄，所以发制方法不同于普通干参，需要用水火混合法。”

“扒”是鲁菜里的经典技法，其大致流程是：主料通过蒸煮煎炸等方式制熟，码好形状后入锅，添汤文火煨至酥烂，中途无需翻动，最后勾芡大翻勺，保持原形出锅入盘。“扒”可细分为“葱扒”（葱香四溢不见葱）、“红扒”（添加酱油调色，红亮浓香）、“白扒”（色白、汁亮、味鲜）、“黄扒”（即鸡油扒，汤汁金黄、鲜香味浓）等，其整体成菜特点是明汁亮芡，鲜软味浓，食后易于消化。

醪糟蜜汁金瓜

原料 | 南瓜、醪糟、小汤圆、银耳、枸杞

调料 | 冰糖、盐、生粉

做法 | 1. 将南瓜去皮切成三角形块，银耳焯水备用。

2. 南瓜码放在碗中，银耳放南瓜中间。

3. 调糖水没过南瓜，上屉蒸熟，取出扣在盘中，篦出汤汁备用。

4. 锅上火下入汤汁和醪糟，加少量盐调味，加煮好的汤圆，勾芡淋在南瓜上，用枸杞点缀即成。

功效 | 补脾胃，悦颜色。

浓汤汆鱼面

原料 | 鳜鱼肉、油菜心、鸡蛋、火腿丝、枸杞

调料 | 盐、白糖

制法 | 1. 将鳜鱼肉去皮、去骨，刮出鱼茸，加入鸡蛋、清水、盐搅上劲待用。

2. 用裱花袋将鱼茸挤成鱼面，入锅煮至熟捞出。

3. 锅中加浓汤，加盐、白糖调味，再放入鱼面，煮3分钟，装入盛器内放油菜心、火腿丝即可。

功效 | 温中益气，滋肾益精。

牛蒡莲子烧鹿肉

原料 | 鹿肉、鲜牛蒡、莲子

调料 | 牛蒡酱、葱姜、桂皮、大料、盐、味精、酱油、糖色、生粉

做法 | 1. 鹿肉切块焯水。

2. 锅中加葱姜、香料、桂皮、大料、酱油、盐、味精、糖色炖熟。

3. 牛蒡切滚刀块，莲子泡发去芯。

4. 锅中加鹿肉原汤，加牛蒡酱，放入鲜牛蒡、莲子，熟透前加入鹿肉一起炖至鹿肉软烂，勾芡出锅。

功效 | 补肾助阳，健脾益气。

芙蓉鸡片

原料 | 鸡芽子、蛋清

调料 | 毛姜水、清汤、料酒、味精、盐、生粉、鸡油

做法 | 1. 鸡芽子去筋膜用刀背砸成茸，加入蛋清调成糊状。

2. 锅上火，油烧至两成热，将鸡蓉分多次下入锅内，期间将油温慢慢升高，鸡蓉在油面飘出不规则片状时捞出，放入盛有开水的容器中待用。

3. 锅中留底油，放入毛姜水，加清汤、料酒、味精、盐调味后，捞出鸡片下入锅中，待开锅后晃勺，勾芡淋鸡油出勺即可。

温馨提示 | 制作此菜时锅要炼好，不能粘锅。鸡片用热水去干净油，油温要严格把握。

功效 | 温中益气，健脾益胃。

菜品渊源

芙蓉鸡片是一道鲁菜名菜，成名后淮扬菜、川菜、京菜等菜系中都有该菜品。通常该菜都是以鸡柳、鸡蛋等食材制作而成。成菜后，肉片色泽洁白，软嫩滑香，形如芙蓉。

据传芙蓉鸡片曾是京城八大楼之首东兴楼的拿手菜之一，梁实秋在《雅舍谈吃》中曾专为东兴楼的芙蓉鸡片写过一篇文章："在北平，芙蓉鸡片是东兴楼的拿手菜。……现在说到芙蓉鸡片。芙蓉大概是蛋白的意思，原因不明，"芙蓉虾仁""芙蓉干贝""芙蓉青蛤"皆曰芙蓉，料想是忌讳蛋字。取鸡胸肉，细切细斩，使成泥。然后以蛋白搅和之，搅到融和成为一体，略无渣滓，入温油锅中摊成一片片状。片要大而薄，薄而不碎，熟而不焦。起锅时加嫩豆苗数茎，取其翠绿之色以为点缀。如洒上数滴鸡油，亦甚佳妙。制作过程简单，但是在火候上恰到好处则见功夫。东兴楼的菜概用中小盘，菜仅盖满碟心，与湘菜馆之长箸大盘迥异其趣。或病其量过小，殊不知美食者不必是饕餮客。"

黄精焖牛肉

原料｜嫩牛肉、黄精、大枣、山楂、胡萝卜片

调料｜料酒、大葱段、盐、味精、姜片

做法｜1. 将牛肉冲净血水，切成2厘米见方的小块。黄精洗净。大枣、山楂洗净。

2. 锅中放入牛肉块，焯去血沫捞出。

3. 将黄精放入沙锅内，放入葱、姜、料酒、水烧开，放入牛肉、山楂用小火炖至八成熟，下入大枣、盐，继续炖，最后加入胡萝卜、味精即可。

功效｜补五脏，健脾胃。

炖吊子

原料｜猪大肠、猪肚、猪肺、猪心

调料｜红腐乳、料酒、盐、葱姜蒜、辣椒油、香葱花、韭菜花、香菜、八角、桂皮、花椒、白芷、小茴香、肉汤

做法｜1. 将蒜末、香菜、葱花、辣椒油、腐乳汁、韭菜花分别制成料碗。

2. 猪下水用盐和醋清洗干净后冷水下锅，放料酒煮5分钟左右，换水煮2~3小时捞出控干晾凉。所有原料分别改刀，切成片。

3. 炒锅放底油，加葱姜蒜片、香料（八角、桂皮、花椒、白芷、小茴香）煸香，加入肉汤，将所有原料投入锅中煮开，改温火炖半小时，加葱姜末、精盐调好味，上桌时带料碗即成。

功效｜厚肠益气，润燥生津。

花棍里脊

原料 | 里脊肉、胡萝卜、红黄绿彩椒、香菇

调料 | 盐、鸡蛋清、湿生粉、料酒、姜汁、味精、明油

做法 | 1. 里脊肉冲水切成片，上浆；香菇切条，用鸡汤煨入味，捞出晾凉；胡萝卜、红黄绿彩椒切条。

2. 用肉片分别将胡萝卜、彩椒条、香菇条横卷起来，露出两头成花棍的样子。另用鸡汤、料酒、盐、味精、姜汁、湿生粉调成芡汁。

3. 炒锅上旺火，放入色拉油，烧至五成热，放入里脊卷滑透，捞出沥净油。

4. 锅内留底油上火，倒入里脊卷，烹入调好的芡汁，淋入明油，翻炒数下装盘即成。

特点 | 成品鲜艳悦目，脆嫩鲜美，清爽适口。红、绿、白、黑交错盘中，色艳悦目，形似花棍，故名。

功效 | 生津和胃，养阴润燥。

菜品渊源

花棍里脊由“玉棍鸡”演变而来。“玉棍鸡”是山东的一款传统风味菜，它是将鸡脯肉改刀成大片，经腌渍上浆后，再包入冬笋条，卷裹成圆棍形，然后经滑油熘制而成菜。成菜造型美观，软嫩鲜香。

草菇扒盖菜

原料 | 鲜草菇、盖菜

调料 | 盐、味精、白糖、酱油、蚝油、生粉

做法 | 1. 将鲜草菇洗干净一切两半，焯水过凉。

2. 盖菜去掉叶子，切成长条状。

3. 炒锅上火加入底油，放入盐、味精、白糖、酱油、蚝油调味，把焯好的草菇放进锅里，煨制入味，勾芡盛进碗中。

4. 盖菜焯水，调入底口，摆在盘中，将草菇浇在上面即可。

特点 | 咸鲜，菌香四溢，碧绿爽口。

功效 | 清热滋阴，生津润燥。

槐粉熘鸡腐

原料 | 鸡胸肉、青笋、胡萝卜、鸡蛋、猪肥膘、槐粉

调料 | 清鸡汤、盐、味精、生粉、葱姜水

做法 | 1. 鸡胸肉和肥膘用刀背斩成泥。

2. 把做好的鸡蓉加葱姜水顺一个方向搅拌，等水分吸收后，再加葱姜水，反复几次后加入盐和蛋清，搅拌均匀后放入冰箱。

3. 锅中放水烧至微开，把鸡蓉挤成丸子，小火煮熟，盛出备用。青笋胡萝卜刻成绣球焯水。

4. 锅中倒入少许高汤，加料酒、盐、葱姜水、槐粉将煮好的鸡腐、绣球下锅，水生粉勾芡，炒匀装盘即可。

功效 | 清热凉血，益气健脾。

茶香鸡

原料 | 小公鸡、龙井茶叶

调料 | 葱姜蒜、米酒、盐、糖、陈皮、小茴香、桂皮、香叶、花椒、丁香

做法 | 1. 将茶叶入沸水泡开放凉。

2. 将处理干净的小公鸡，加姜片、盐、糖、米酒、茶叶水搓匀，加米酒腌制2小时。

3. 砂锅底部垫上白萝卜片，放上鸡，加入葱姜蒜，一小撮茶叶，再加入沸水，水开后，用小火煮1小时即可。

特点 | 茶香浓郁，鸡肉软烂不散。

功效 | 补中益气，滋肾填精。

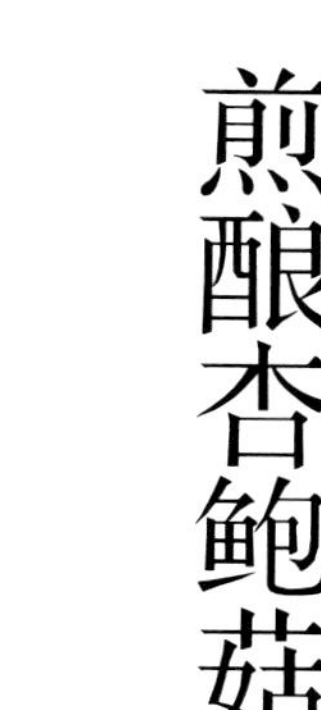

煎酿杏鲍菇

原料 | 杏鲍菇、肉馅、鸡蛋

调料 | 盐、味精、蚝油、鲍汁、鸡汤、酱油、生粉、鸡汤

做法 |
1. 将杏鲍菇斜刀切夹刀片；肉馅加盐、味精、酱油、鸡蛋调成馅料。
2. 杏鲍菇酿入馅料，裹蛋清蘸生粉备用。
3. 锅中加少许油烧热，放入酿好的杏鲍菇，煎至两面金黄倒出。
4. 锅中留底油，加盐、味精、蚝油、鲍汁、煎好的杏鲍菇、鸡汤收汁，待汤汁浓稠时装盘即可。

功效 | 润肠胃，美容颜。

虾仁豆腐箱

原料 | 韧豆腐、虾仁、豆苗

调料 | 鸡蛋、盐、味精、酱油、白糖、生粉、葱姜水

做法 | 1. 将豆腐切成长方形的块，从一面掏空。

2. 取部分虾仁斩成茸，加鸡蛋、盐、味精、生粉调成馅料，剩下的虾仁上浆。

3. 将馅料酿进豆腐中抹平，蘸生粉炸至金黄。

4. 锅中留底油，下入葱姜水，加盐、味精、白糖、酱油、豆腐块，烧至汤汁浓稠时码盘。

5. 浆好的虾仁过油清炒好后放到豆腐箱上即可。

功效 | 滋肾益智，宽中益气。

菜品渊源

豆腐箱又名山东豆腐箱、齐国豆腐箱，是山东省淄博市地方传统名菜，2018年9月10日，“中国菜”正式发布，“博山豆腐箱”被评为山东十大经典名菜。

早在清朝咸丰年间，博山大街南头有一张姓，名登科，乳名张九，在京城一家叫“振泰绸缎庄”的大字号里当大师傅。此人聪明能干，技术高超，在京都号称“博山厨师第一人”。

大约到了光绪年间，50多岁的张登科因病回到家乡养病。不到一年工夫，他的病就好了。博山部分商贾知道张登科是位烹调高手，便与他在当时窑业十分发达的山头合开了一家饭馆，取名为“庆和聚”。

一天，张登科在京时的掌柜到周村去办货，顺路到博山看望他。客人到庆和聚时已是晚上，馆子里准备的菜肴全部销光，没有象样的菜招待客人。张登科灵机一动，用博山优质豆腐为主料，做了一道箱式素菜，主要配料是用炒过的蝇头豆腐、海米、木耳、砂仁粉等装入箱内，整个外观呈箱形，用油炸成金黄色，勾芡后，更有金箱之感。席间，吃腻了山珍海味的客人，吃到这道别具风味的素菜时，赞不绝口。

客人问及张登科菜的名堂时，他只好说出实情，客人见菜的形状，又品尝过味道，脱口而出：“真象个金箱，就叫它金箱吧”。在座的一位客人，很是文雅，接过话茬说：“按吃法，叫金箱还不如叫开箱取宝更合情理。”

于是，“金箱”这道菜渐渐在山头部分窑主的酒席上出现。这道菜出现时，是一个“大箱形”，吃时很不方便。张登科就将其改为若干个“小箱”凑成一个“大箱”。因为此菜是道素菜，山头人就按当地的命名习惯，管它叫豆腐箱。讲究的人，还是称它为“开箱取宝”或“金箱”。

后来，张登科在京的掌柜再三邀他去京城。借此，张登科又回到了北京，并将做“豆腐箱”的手艺带进京城。从这之后，京城里部分商贾的宴席上出现了“博山豆腐箱”，慢慢一些官宦的家宴上也时常见到“博山豆腐箱”这道菜。

茶香牛腩

原料 | 牛腩、绿茶

调料 | 葱姜片、桂皮、大料、盐、味精、酱油、料酒、白糖

做法 | 1. 取部分茶叶泡软，捞出茶叶炸干，留茶水备用。

2. 牛腩焯水后切成正方形块，冲净血水，再次焯水下锅，加入葱姜片、盐、味精、桂皮、大料、糖煮至牛肉软烂，茶香扑鼻时捞出装盘，撒上炸好的茶叶，带茶水上桌即可。

功效 | 健脾养血，益气补中。

菊花豆腐

原料 | 内酯豆腐、枸杞子、清鸡汤、豆苗

调料 | 盐

做法 | 1. 将豆腐切成长方形块，然后切成一头不断、一头断、形如菊花的丝，放入水中待用。

2. 锅中加清汤，加盐调味，盛入炖盅，豆腐从凉水中捞出放入开水中浸泡后，小心放入炖盅，上屉蒸5分钟取出，放枸杞子、豆苗即可。

功效 | 宽中益气，明目怡神。

雪中送炭

原料 | 乌参、蛋清、黄瓜、枸杞

调料 | 盐、味精、酱油、白糖、胡椒粉、糖色、生粉

做法 | 1. 黄瓜切成树叶状，焯水，加枸杞子码盘。

2. 蛋清加盐打散，炒成芙蓉垫盘子底。

3. 海参焯水，加盐、味精、酱油、白糖、胡椒粉、糖色，烧至入味，勾芡码在芙蓉上即成。

功效 | 乌发悦颜，延年益寿。

蜜汁烤炉肉

原料｜精选五花肉、香菜段

调料｜盐、料酒、蒜蓉辣酱、生抽、酱油、椒盐

做法｜1. 将五花肉切成大约10厘米宽、20厘米长的块，抹上盐、料酒腌制后，扎入Y形叉子上，挂S弯钩上，在0~10℃环境下晾晒15小时左右。生抽、酱油调制成合适口味的蘸汁。

2. 将五花肉皮朝外挑入果木烤炉中，先小火烘烤，然后逐渐升温，待肉皮起均匀的金黄色小泡后将肉翻面，继续烤制直至肉块成熟、外皮酥脆时出炉。

3. 将炉肉切成象眼块码好，带香菜段、酱油汁、蒜蓉辣酱、椒盐上桌。

温馨提示｜五花肉晾晒后水分会流失一部分，烤出来肉质才会紧实。Y形叉子可以使肉固定不变形，并且能使肉在烤制过程中排出肥油。烤制后期炉温应控制在180~200℃。

功效｜养阴润燥，和胃生津。

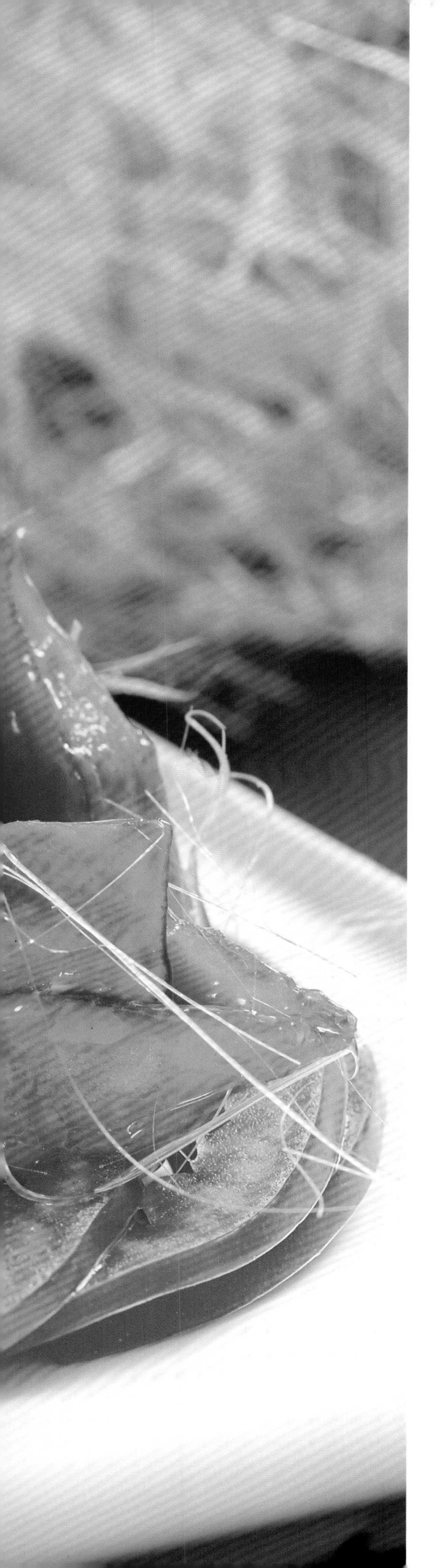

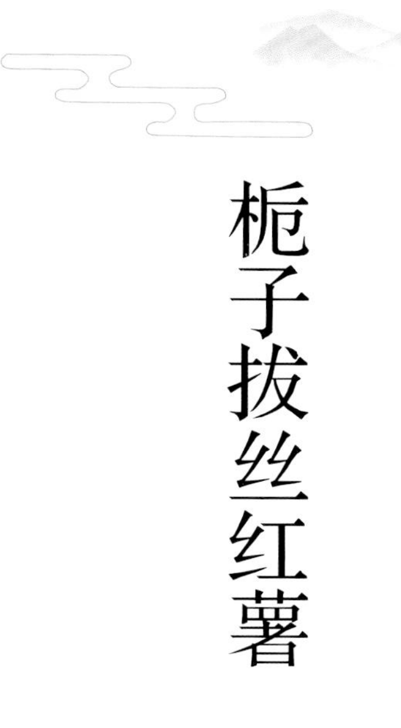

栀子拔丝红薯

原料｜红薯、栀子、西红柿

调料｜盐、冰糖

做法｜1、红薯去皮切滚刀块，入水清洗捞出；西红柿切片码盘；栀子泡软捞出，留水烧开放凉。

2、锅上火加色拉油烧至五成热时，倒入红薯炸透捞出，锅中留底油，下入冰糖炒至融化，待锅中气泡由大变小，最后变成米粒大小时下入红薯迅速翻匀出锅，上桌前带栀子水即可。

功效｜益气力，健脾胃。

枣仁烹双宝

原料 | 鸡肾、腰花、虾仁、油菜心、枸杞子、枣仁

调料 | 盐、味精、白糖、醋、酱油、生粉、蒜末、葱姜、香油

做法 | 1. 鸡肾加葱姜焯水至熟透；腰花加生粉过油；枣仁泡软。

2. 虾仁制成虾丸；油菜焯水备用。

3. 锅中加底油，加葱姜水、盐、味精、白糖、醋、胡椒粉，下入鸡肾和腰花、枣仁，翻炒，勾芡，撒蒜末，淋香油，出锅码盘即成。

功效 | 补肾益精，养阴补虚。

栀子黄花鱼肚

原料 | 水发鱼肚、栀子、枸杞、小油菜、浓鸡汤

调料 | 盐、白糖、干贝汁

做法 | 1. 水发鱼肚去油，切成长方形片，入鸡汤煨透捞出。

2. 栀子泡水；小油菜焯水备用。

3. 锅中加浓鸡汤，放入干贝汁、栀子水，煮开，用盐、白糖调味，下入煨好的鱼肚烧1分钟，勾芡出锅，加枸杞子、小油菜装饰即可。

功效 | 健脾补中，清热生津。

山楂宝塔肉

原料 | 精五花肉、梅干菜、油菜心、山楂

调料 | 八角、桂皮、生粉、水、红糖、秘制酱料

做法 | 1. 梅干菜洗净后浸泡，炒透炒香；山楂泡软。

2. 五花肉洗净焯水，锅中放入水要没过五花肉，然后放入桂皮和八角、葱姜后，大火烧开煮20分钟捞出。

3. 五花肉抹上老抽，炸至上色捞出，改刀成正方形，沿着边切成长条，不要切断，码入宝塔模具，口朝上加梅干菜，放山楂和秘制酱料，蒸至软烂取出，控出汤汁，把肉扣入盘中，油菜焯水围边，汤汁勾芡淋上面即可。

功效 | 开胃消食，养阴润燥。

烩乌鱼蛋割雏

原料 | 水发乌鱼蛋、鸡血豆腐、香菜

调料 | 生粉、米醋、精盐、高汤、胡椒粉、香油、姜水

做法 | 1. 将发好的乌鱼蛋用手撕成片；鸡血豆腐切成2厘米见方的小丁；香菜切末备用。

2. 炒锅上火坐水，把乌鱼蛋和鸡血豆腐入水汆一下，在汆的过程中放入料酒、姜水，去腥味后捞出放在容器中控干。

3. 锅上火加入高汤、盐、胡椒粉，放入控水后的乌鱼蛋和鸡血豆腐，勾芡后放入米醋，出锅时放少许香油、香菜末即可。

功效 | 养阴补血，开胃消食。

菜品渊源

乌鱼蛋，是乌贼产的卵，呈椭圆形，外面裹着一层半透明的薄皮，产于山东青岛、烟台等地，一向被视为海味珍品，清乾隆年间大诗人及美食家袁枚，曾多次品尝过该菜，并在《随园食单》中记载了该菜的制法："乌鱼蛋鲜，最难服事，须河水滚透，撤沙去臊，再加鸡汤蘑菇煨烂。龚去岩司马家制最精。"

据张文海大师讲，割雏是过去大饭庄酒楼里老板答谢熟客的一种特殊食材，将雏鸡脖子上的毛去掉放血制成血豆腐。烩乌鱼蛋割雏就是血豆腐熟制后掰成块加入做好的烩乌鱼蛋中由老板送给熟客食用，久而久之这道菜开始向普通顾客售卖了。后来这道菜慢慢细化，将血豆腐由手掰改成用刀切成玉米粒大小的形状，整体视觉效果也更加精致。

鸡蓉鱼肚

原料｜水发鱼肚、鸡里脊肉、蛋清、猪肥肉

调料｜葱姜米、葱姜汁、熟猪油、清汤、精盐、味精、湿生粉、香油、料酒

做法｜1. 将鱼肚改成长约4.5厘米、宽约2厘米的抹刀片，入沸水锅里反复换水汆几遍，捞出用精盐、味精、料酒入味。

2. 鸡里脊肉和猪肥肉分别剁成极细的泥，一起放碗内加清汤、葱姜汁、料酒、精盐、味精、香油拌匀。

3. 鸡蛋清打成蛋泡，倒鸡泥内搅成鸡蓉。

4. 勺内放猪油烧至六成热时，将鱼肚逐片挂匀鸡蓉下勺汆炸熟，捞出控净油，再放沸水内略汆即捞出。

5. 勺内放油烧热，用葱姜米爆锅、加料酒一烹，放入清汤、精盐、味精烧开，再放入鱼肚慢火煨透，撇净浮沫，用湿生粉勾成溜芡，加香油盛盘内即可。

温馨提示｜1. 鱼肚应选择透明度好、无杂质、无异味、无腐败变质的，初加工时，要熟练掌握鱼肚发制的各道环节，使发制后的鱼肚符合菜肴质量要求。

2. 发制好的鱼肚在烹制时，应入沸水反复汆漂，以除去异杂味。

3. 猪肉泥和鸡肉泥要待分别剁好后在合放在一起。搅打时，要逐步分数次加进清水慢慢搅拌，待吃浆达到最佳状态时再加盐定形。

功效｜补脾益胃，温中益气。

红扒猴头

原料 | 猴头菇、西蓝花

调料 | 素鲜汤、盐、酱油、生粉、白糖

做法 | 1. 将发好洗净的猴头菇用素鲜汤加盐、酱油、白糖调味，码入碗中，蒸至软烂。

2. 西蓝花焯水，清炒备用。

3. 将猴头菇控出汤后扣在盘中，西蓝花围边，汤下锅勾芡淋明油浇在猴头菇上即成。

特点 | 鲜香可口，造型大方。

功效 | 健胃补虚，益肾填精。

双色里脊球

原料 | 猪里脊、面包糠、火腿末、鸡蛋、生粉、油菜松

调料 | 盐、味精、葱姜米、香油

做法 | 1. 将猪里脊用刀背砸成泥后，放入葱姜米、鸡蛋、水生粉、盐、味精、香油拌匀。

2. 把里脊泥挤成球状，一半里脊泥做成的球裹上面包糠，另一半里脊泥做成的球裹上火腿末。

3. 把裹上火腿末和面包糠的里脊球分别放入油锅炸，炸熟，炸透，至一种色泽金黄、另一种色泽枣红即可出锅。

4. 把两种色泽的里脊球装在铺满油菜松的盘子里即成。

特点 | 色泽美观。

功效 | 滋阴润燥，丰泽肌肤。

鸡蓉三丝鱼翅

原料｜水发鱼翅、鸡蓉、火腿、青椒、木耳、胡萝卜

调料｜清鸡汤、盐、生粉、鸡油

做法｜1. 将火腿、青椒、木耳、胡萝卜分别切细丝焯水。

2. 将鱼翅和蔬菜火腿丝下入鸡蓉，搅匀。

3. 砂锅加水上火，水烧开关小火，用勺子将鸡蓉舀成橄榄核状下入水中汆熟捞出。

4. 炒锅中入清汤，加盐调味，下入汆好的鸡蓉，勾芡淋鸡油装捞出盘即可。

特点｜鲜香滑嫩，色泽美观。

功效｜益气补虚，抗衰悦颜。

鸳鸯菜花

原料｜西蓝花、菜花、干贝茸

调料｜清鸡汤、盐、生粉、鸡油

做法｜1. 将西蓝花和菜花焯熟，码入碗中，扣在盘子里。

2. 锅中下清鸡汤，加盐调味，下入干贝，开锅后勾芡淋鸡油，浇在菜花上即可。

特点｜白绿相间，清脆爽嫩。

功效｜生津和胃，清热润燥。

海米扒白菜

原料｜白菜、金钩海米

调料｜盐、鸡汤、葱姜水、生粉、鸡油

做法｜1. 将白菜洗净，切1厘米宽的条，焯水，整齐地码在盘中；海米泡水回软。

2. 锅中加鸡汤，下入葱姜水，加盐调味，下入海米，再将码好的白菜整齐地推入勺中，转勺挂芡，翻勺，打鸡油，拖入盘中即可。

特点｜形状整齐，鲜嫩清淡。

功效｜清热生津，通利肠胃。

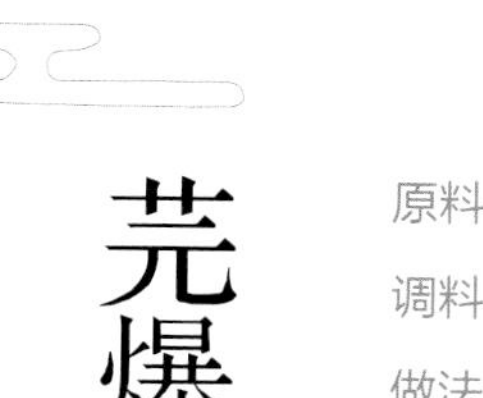

芫爆肚丝

原料 | 猪肚、香菜、姜、大蒜、葱

调料 | 香油、料酒、胡椒粉、米醋、精盐、味精、姜汁

做法 | 1. 葱洗净后切丝，蒜洗净切片；香菜洗净切段。

2. 用碱、香醋搓洗生猪肚，去掉白油、杂质。

3. 猪肚用清水洗净后放沸水中汆3分钟，捞出。

4. 另换净水，放入猪肚、葱段、料酒，用微火煮透后捞出，猪肚切细丝。

5. 锅中留底油，入葱丝、蒜片爆香，加入肚丝翻炒，加入料酒、盐、姜汁、味精、米醋，最后放胡椒粉、香菜，淋少许香油翻炒均匀即可。

特点 | 鲜咸微辣，白绿相间。

功效 | 补脾益胃，醒脾和中。

菜品渊源

“芫爆肚丝”是典型的鲁菜，讲究清爽利落。芫爆是以芫荽（香菜）为主要配料而得名的，芫爆烹饪方法基本与油爆相同，但不同的是主料的形状多为条丝状。烹制时候不加酱色、糖色，成菜突出本色，味鲜清雅，保持芫菜特有的香味。一说是由潍坊景芝小炒中的香菜小炒肉借鉴而来。“芫爆肉丝”在潍坊也叫作香菜小炒肉，是以芫荽（香菜）为主要配料而得名的。

糟熘三白

原料 | 鳜鱼肉、玉兰片、鸡伢子

调料 | 毛姜水、蛋清、生粉、清鸡汤、香糟、鸡油、盐、味精、白糖

做法 | 1. 鳜鱼肉斜刀片成片，加盐、味精、鸡蛋、生粉上浆备用；玉兰片改刀成与鱼片大小相似的片；鸡伢子打成茸，加蛋清、毛姜水泻开，加盐、味精调匀备用。

2. 锅上火，鳜鱼片滑油捞出；鸡蓉制作成芙蓉片；玉兰片焯水。

3. 锅上火，下入鸡汤，加入味精、盐、白糖调味，下入熟制的鳜鱼片、鸡片、玉兰片，开锅后尝口，下入香糟，立即勾芡淋鸡油出锅。

特点 | 糟香浓郁，甜咸适口。

功效 | 滋肾益肺，养阴和胃。

菜品渊源

“糟熘三白”起源于山东。清朝时期，山东厨师取用鸡肉、鱼肉、冬笋，以鸡汤、香糟卤等调味制成一道糟味浓郁、独具特色的菜肴。因它取用于三种白色食材和香糟制成，故名“糟熘三白。”后来山东厨师纷纷入京，此菜便在北京出现。此菜现已成为北京许多著名菜馆的拿手菜。

点心类

一品蛋酥

原料 | 鸡蛋

调料 | 芝士、白糖、生粉

做法 | 1. 鸡蛋打碗里，加白糖和生粉以及芝士，然后用筷子打散打均匀。

2. 锅中放油烧热，鸡蛋用细眼漏勺淋入油锅。

3. 倒完之后用筷子不断地搅动鸡蛋液防止粘锅，鸡蛋液凝固并且炸至金黄且酥时捞出来控油。

4. 鸡蛋快速控油之后放进盘子里，在上面用重物压住，晾凉后切块装盘即可。

功效 | 益气补脾。

核桃酪

原料 | 糯米、红枣、核桃仁

调料 | 白糖

做法 | 1. 将糯米淘净，放在温水中泡1小时；核桃仁用沸水浸泡去皮；红枣洗净，用沸水泡30分钟去皮去核。

2. 糯米、核桃肉、红枣加清水，用石磨磨成浆待用。

3. 锅里放清水，加白糖烧沸后，将糯米浆倒入，边倒边用勺子慢慢推动，不使米浆粘住锅底，待浆烧沸起糊即可装碗。

功效 | 滋肾益智。

千层糕

原料 | 马蹄粉

调料 | 椰浆、红片糖

做法 | 1. 片糖入开水融化冷却备用。

2. 马蹄粉加水调匀分2份备用。

3. 将一份马蹄粉加入椰浆调成白色，另一份加入片糖水调成红色，将两种颜色的马蹄粉分别放入托盘摊成3毫米厚度，蒸熟后如图叠起来，冷却后切出造型，码盘即可。

特点 | 晶莹透亮，色泽分明。

功效 | 开胃生津。

烤花卷

原料 | 面粉、鸡蛋

调料 | 盐、小苏打、酵母

做法 | 1. 面粉加酵母、小苏打发酵揉匀饧好。

2. 饧好的面擀开刷油，撒盐制成花卷。

3. 花卷抹上蛋液放入上下180度的烤箱烤制金黄并且成熟即可。

特点 | 色泽金黄，口感酥脆。

功效 | 补脾益胃。

茴香鸡窝饼

原料 | 高筋面粉、低筋面粉、芝麻

调料 | 自制五香粉、酵母、泡打粉、盐、糖稀

做法 | 1. 将高低筋面粉按2：1比例混合，加酵母、泡打粉、盐发酵揉匀。

2. 将面团揪成70克的面团并揉成窝头状，中间蘸上自制五香粉。

3. 把面团揉圆，五香粉在中间。

4. 再次把面团按压成饼状并沾上糖稀，再粘上芝麻，入“鸡窝炉”烤制成熟即可。

特点 | 外酥里嫩，口感香脆。

功效 | 健胃散寒。

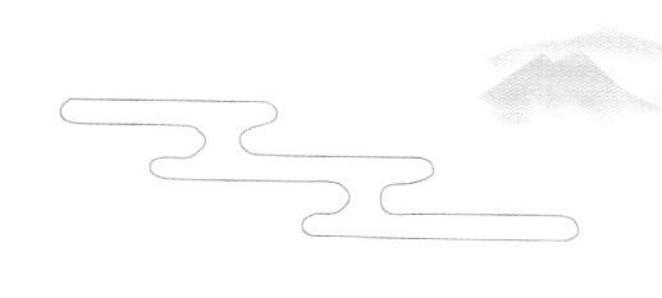

杏仁豆腐

原料 | 甜杏仁、鲜牛奶、京糕

调料 | 白糖、洋粉、糖桂花

做法 | 1. 杏仁泡水，去皮，打成浆，滤去渣。

2. 洋粉加水蒸化，去颗粒。

3. 锅中加杏仁浆，鲜牛奶、白糖、洋粉，烧沸后倒入托盘晾凉成豆腐状。

4. 将杏仁豆腐改刀放入容器，京糕改刀放在杏仁豆腐上，最后淋上糖桂花即成。

特点 | 形似豆腐，凉甜爽口，消署解热。

功效 | 润肤荣泽。

芸豆卷

原料 | 芸豆、豆沙

调料 | 碱面

做法 | 1. 将芸豆泡水去皮。芸豆碎瓣放在开水锅里煮，加少许碱，煮熟后捞出，用布包好，上屉蒸20分钟，取出过箩，将瓣擦成泥。

2. 将芸豆泥晾凉后，倒在湿布上，用布揉成更细的泥。

3. 取湿白布平铺在案板边上，将芸豆泥搓成条，放湿布中间，用刀抹成长方形薄片，然后抹上一层豆沙，顺着湿白布从长的边缘两面卷起，到中间合并为一个圆柱。

4. 最后将布拉起，使卷慢慢地滚在案板上，切成2厘米长的段即成。

特点 | 色泽雪白，质地柔软细腻，馅料香甜爽口。

功效 | 润燥补脾。

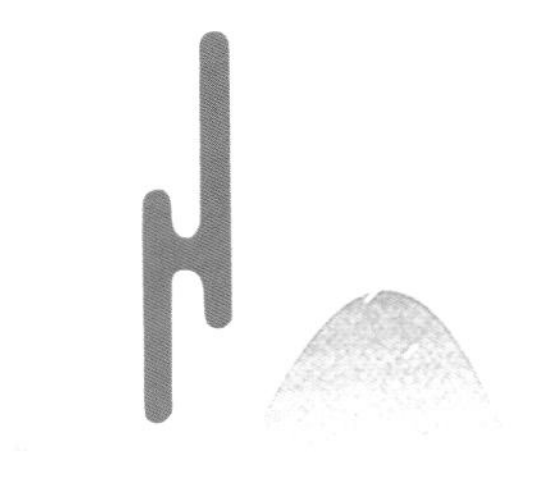

张氏族谱

张文海，（1929—2019），男，出生于北京市顺义区后沙峪镇田各庄村。中共党员，国宝级烹饪大师，鲁菜泰斗，国家级烹饪高级技师，中国烹饪大师。

1943年　在天津致美斋饭庄学徒

1945年　在天津登瀛楼学徒

1946年　在上海丰泽楼掌灶

1956年　分配至北京西郊宾馆担任主厨

1961年　北京东方饭店担任总主厨

1982年　参与筹建北京市人民政府宽沟招待所

提及张文海，烹饪界可谓是无人不知，无人不晓，这不仅仅是因为张文海有着国家领导人都赞叹不已的过人厨艺，更重要的是他拥有独特的人格魅力。他为人低调谦卑，处世仁德大度，是一位德艺双馨的国宝级大师。最令人羡慕的还是他的传人、弟子无数，并且大多追随他的德艺，在整个烹饪行业内备受好评。

他精通鲁菜的烹制，博采众长，汲取南北菜系优秀特点，自成风格，代表菜品有葱扒大乌参、油爆双脆、象眼鸽蛋等。

张文海为鲁菜的发展做出了重大贡献，为弘扬中华烹饪技术和饮食文化做出了巨大贡献，为中华烹饪后继有人培养了大批高技能人才。

张宝庭（张文海之子），中共党员，大专学历，烹调高级技师，国家级评委、国家级裁判员、中国药膳研究会理事、中国药膳大师、中国烹饪大师，曾多次在中国药膳大赛等知名赛事中担任监理长、裁判员等职务，现任中共中央宣传部膳食科副科长。张宝庭出身烹饪世家，父亲张文海是国宝级烹饪大师，曾得到当今鲁菜泰斗王义均先生的指教，在面点技艺方面得到了国宝级大师郭文彬先生的指点。入行至今一直为北京市领导以及中央领导提供膳食服务，并多次受到表扬和嘉奖。

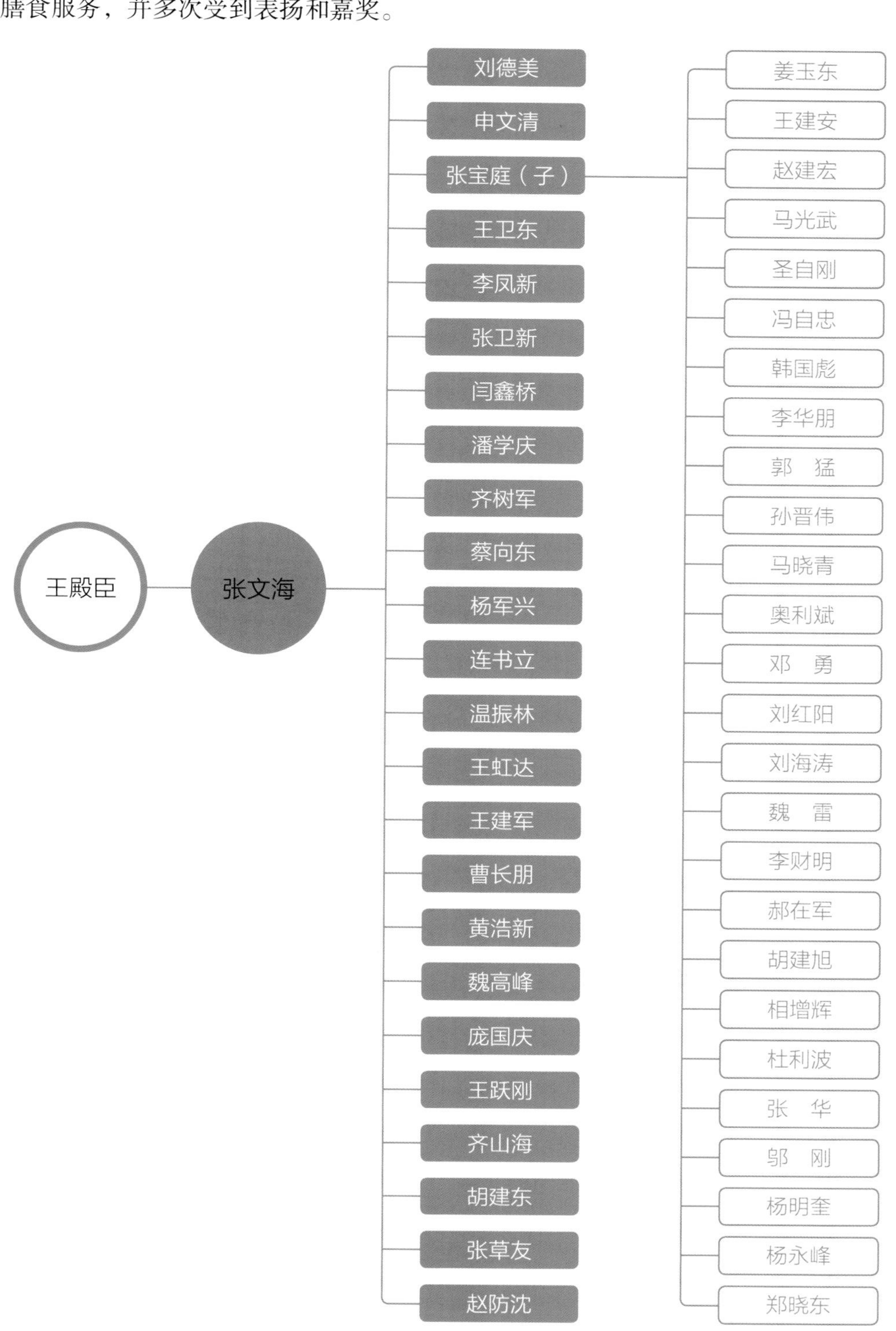

一身声名系烹调

——张宝庭

现在想起来，父亲4个子女，我是最小的，却只有我接了父亲的衣钵，大概是冥冥之中烹饪这个行业与我的缘分。

1982年，北京市政府设立了宽沟招待所，为了充实技术力量，要招收一批新员工，父亲当时担任着北京市委各宾馆的技术总顾问，点了我的名——宝庭去吧。我就这样被父亲带入了行儿。而今30多年过去了，我也始终没有离开政务服务接待这个工作岗位。

从事中餐烹饪这么多年，经过父亲与父执辈的大师们的指点与提调，我对中餐烹饪的理解不断加深，再加上与同行们的交流、沟通、切磋，我开始往营养膳食的方向上发展。我常说：人这一辈子能做好一件事儿，就不易。认准了这个方向，我就在日常工作中不断努力尝试与总结。

当今的时代，食材更加宽泛了，技法也繁杂了，人的生活条件、口味、饮食观念也都进步了，古法有很多东西随着时间推移，现在看起来也有一些不合理、不健康的地方，需要斟酌、推敲。所以我们讲中餐的与时俱进就是要结合时代的需求，从营养不足到营养过剩就要进行调理，调到营养均衡，所以我们今天的中餐烹饪就要向膳食平衡转型——留下老味道、老技法，加入新思路、新食材，既保持中餐传统的烹调原理，又让生活在当下的消费者保持对中餐的热爱。本书收录了我对中餐烹调菜式的一些尝试性突破与创新心得，算是抛砖引玉，为大家提供一个思路与借鉴。不妥或偏颇之处，还请方家多多指正，以利我在今后工作中得以改进。

北京京广家商贸集团始建于 1999 年，是一家集速冻中西式面点“产、供、销”全产业链的实体公司。目前集团在北京建立 3 家分公司，并分别在北京、青岛和扬州注资了 6 家食品工厂，同时为近 500 家星级酒店提供服务，其中包括国际酒店管理集团旗下酒店（香格里拉集团 Shangri-la、洲际集团 Intercontinental、万豪集团 Marriott、喜达屋集团 Starwood、希尔顿集团 Hilton、雅高集团 Accor 等），国内知名酒店管理集团旗下酒店（首旅集团、锦江集团、金源集团、首创集团等），同时还与北京多家独立的知名星级酒店长期合作。此外，京广家多年以来一直在为航空配餐公司提供完善的服务，其中包括北京新华空港航空食品有限公司、北京航空食品有限公司、北京空港配餐有限公司等。

“以诚待人、以信生存、诚信致远”是京广家奉行的企业理念，凭借京广家完善的管理和良好的服务，顺利地完成了2008年北京奥运会、2014年APEC会议、2017年和2019年一带一路会议以及中国共产党第十八次全国代表大会、中国共产党第十九次全国代表大会等大型活动的部分接待任务，在业界赢得了赞誉。

24小时订货电话
24 HOURS HOTLINE

+86 10 8814 4432　+86 10 8812 0691　+86 10 8811 3788

地址：中国 北京 海淀区 增光路55号 紫玉写字楼15 层 100048

WLS 天津万利盛餐饮管理服务有限公司
Tianjin Wan Lisheng Catering Management Service Co. LTD

公司简介 >>>>

公司始建于1995年，总部坐落于天津市东丽开发区。公司主要业务是为企事业单位提供团膳服务。餐饮服务业务涉及全国多个省市。公司以提供“安全、营养、美味”的餐饮服务为经营宗旨，获得客户广泛好评。

企业荣誉 >>>>

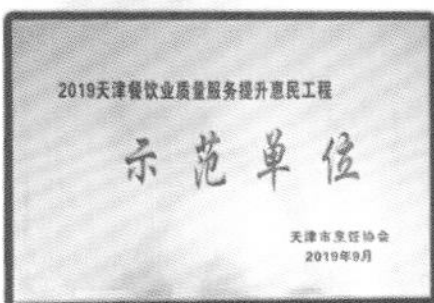

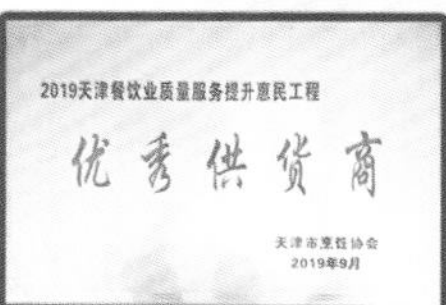

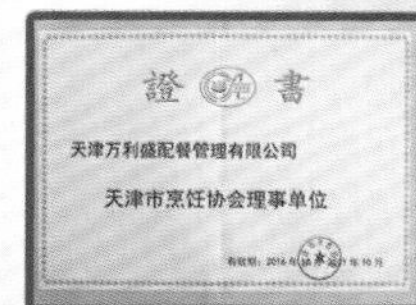

企业口号 >>>>

安全　放心　营养

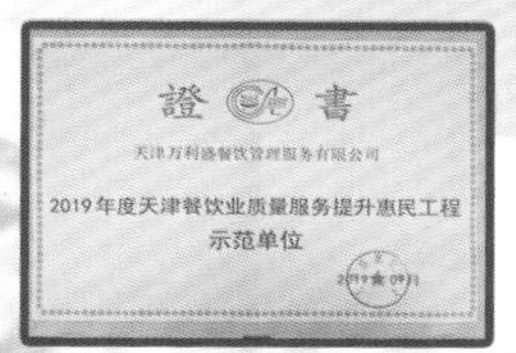

总部地址：天津市东丽经济开发区二纬路九号津滨财智大厦

电话：022-24992645　邮箱：bin.zhou@tjwls.cn　网址：http://www.wlspc.com

李凤新先生

国家中式烹调高级技师
中国烹饪大师
中国药膳大师
国际烹饪大师
北京烹饪大师
餐饮业国家级评委
国家级药膳评委
中国民促会饮食文化委员会常务理事
国际饮食养生研究会理事
北京京门老爆三餐饮管理有限公司
董事长、创始人

京门老爆三

京吃 京味 京韵

北京京门老爆三餐饮管理有限公司创立于2009年，公司创业期经过一次次探索和变革完成了从初创期到战略沉淀期的积累。目前门店达30多家，员工上千人，并以精准的产品定位与传统怀旧的老北京风格切入行业市场，以涮肉为招牌产品，以爆肚、炙子烤肉为特色，以八大碗、老北京小吃为辅助产品的核心产品线。

老北京饮食历经数百年披沙沥金，提炼归纳，终成文化。京门老爆三在董事长李凤新先生的引领下，秉承传统技艺，以弘扬京味饮食文化为己任。永远把货真价实、原汁原味、传统朴实作为京味菜品发扬光大的根基，为您呈现出透着那种亲切实在的京城老菜，让您在享受美食的同时，找到回家的感觉，品到家的味道，唤起您儿时记忆中的那一抹回味……

来自大别山的礼物

薄金寨·锦秀羊

公司简介

湖北名羊农业科技发展有限公司由公司董事长、锦绣林牧专业合作社理事长刘锦绣创建，是湖北省首家集黑山羊科研、育种、养殖、屠宰精加工及产品销售为一体的农业产业化省级重点龙头企业。

公司拥有年屠宰加工30万只肉羊生产线，采用国内先进的低温冷链和排酸工艺，实行低温加工与冷链储藏配送，确保黑山羊肉全程保鲜保质。

公司所属的黑山羊良种繁育场拥有天然草场近万亩，存栏原种黑山羊种羊近万只，被农业部、财政部联合授予“国家肉羊产业技术体系科学研究基地”和“肉羊标准化示范场”。

在新一轮扶贫攻坚中，公司被地方党委政府确定为黑山羊产业精准扶贫“政府+银行+保险+公司+农户”五位一体扶贫模式的市场服务主体，为广大农户提供良种供应、技术培训、肉羊回收等系列化全程技术服务，带动更多的父老乡亲走上脱贫致富之路，是大别山区产业扶贫的主力军。

产品介绍

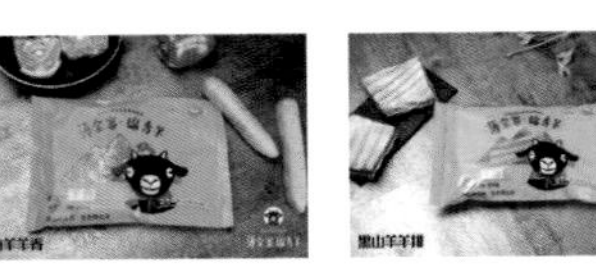

品名：甄选羊肉礼盒
重量：350克羊腿3袋
350克羊脊1袋
350克羊腩1袋
贮存：冷藏
保质期：12个月

品名：精选羊肉礼盒
重量：500克羊腿2袋
500克羊脊1袋
贮存：冷藏
保质期：12个月

品名：优选羊肉礼盒
重量：500克羊腿3袋
500克羊脊2袋
贮存：冷藏
保质期：12个月

品名：祥瑞羊肉福袋
重量：500克羊肉块5袋
贮存：冷藏
保质期：12个月

品名：定制羊肉礼盒
重量：根据需求单独定制
贮存：冷藏
保质期：12个月

公司地址：湖北省罗田县经济开发区　　联系电话：18108688668　　邮箱：liuweitam@hubeimy.com